航天科技图书出版基金资助出版

航天器尺寸稳定结构技术

罗文波　著

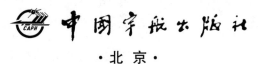

中国宇航出版社

·北京·

图书在版编目（CIP）数据

航天器尺寸稳定结构技术 / 罗文波著 . -- 北京：
中国宇航出版社，2022.9

ISBN 978 - 7 - 5159 - 2112 - 9

Ⅰ.①航… Ⅱ.①罗… Ⅲ.①航天器－结构尺寸－稳
定性 Ⅳ.①V414

中国版本图书馆 CIP 数据核字（2022）第 168661 号

责任编辑　赵宏颖　　封面设计　宇星文化

出　版
发　行　　**中国宇航出版社**

社　址　北京市阜成路 8 号　邮　编　100830
　　　　　（010）68768548
网　址　www.caphbook.com
经　销　新华书店
发行部　（010）68767386　　（010）68371900
　　　　　（010）68767382　　（010）88100613（传真）
零售店　读者服务部　　（010）68371105
承　印　北京中科印刷有限公司

版　次　2022 年 9 月第 1 版
　　　　　2022 年 9 月第 1 次印刷
规　格　787×1092
开　本　1/16
印　张　13
字　数　316 千字
书　号　ISBN 978 - 7 - 5159 - 2112 - 9
定　价　98.00 元

本书如有印装质量问题，可与发行部联系调换

航天科技图书出版基金简介

航天科技图书出版基金是由中国航天科技集团公司于 2007 年设立的，旨在鼓励航天科技人员著书立说，不断积累和传承航天科技知识，为航天事业提供知识储备和技术支持，繁荣航天科技图书出版工作，促进航天事业又好又快地发展。基金资助项目由航天科技图书出版基金评审委员会审定，由中国宇航出版社出版。

申请出版基金资助的项目包括航天基础理论著作，航天工程技术著作，航天科技工具书，航天型号管理经验与管理思想集萃，世界航天各学科前沿技术发展译著以及有代表性的科研生产、经营管理译著，向社会公众普及航天知识、宣传航天文化的优秀读物等。出版基金每年评审 1～2 次，资助 20～30 项。

欢迎广大作者积极申请航天科技图书出版基金。可以登录中国航天科技国际交流中心网站，点击"通知公告"专栏查询详情并下载基金申请表；也可以通过电话、信函索取申报指南和基金申请表。

网址：http：//www.ccastic.spacechina.com
电话：（010）68767205，68767805

前　言

尺寸稳定性是指材料、部件或结构装配体在各种环境条件下保持其形状、尺寸的一般属性，是描述高精度航天器结构在各种条件下尺寸保持能力的最好方式，影响尺寸稳定性的条件包括机械负载、温度、湿度、真空、辐照和化学环境等。

高分系列遥感卫星和暗物质探测卫星、引力波探测卫星等科学试验卫星的研制、发射表明，高精度、高性能航天器的研制和开发是我国由航天大国成为航天强国的必然。尺寸稳定性是高性能航天器的最重要特性之一，航天器结构尺寸稳定性设计和验证方法的研究，对我国高性能航天器在轨性能的提升至关重要。与航天器尺寸稳定性相关的尺寸变化通常在微米量级，而与此相应的由变形引起的基准矢量的变化一般为角秒级。航天器中的尺寸稳定性结构是结构功能发展到一定阶段的产物，也是现代高性能航天器对结构设计提出的新需求。

本书系统全面地描述了航天器结构尺寸稳定性设计与验证相关的影响因素，尺寸稳定性有关的材料特性和选择，以及高稳定性结构的设计、仿真和试验验证方法等方面的内容，集成了作者在航天尺寸稳定性方面的最新研究成果。

全书共分为 15 章。第 1 章主要介绍尺寸稳定性的概念、内涵及其特点，以及尺寸稳定性问题对各类航天器性能的影响。第 2 章介绍尺寸稳定性的各种影响因素。第 3 章介绍了金属、金属基复合材料、树脂基复合材料等各种尺寸稳定性结构材料，及其在尺寸稳定性方面的优缺点和应用实例。第 4 章介绍了尺寸稳定性结构设计的指标体系、概念和流程等方面的内容。第 5 章介绍层合板、框架结构、蜂窝板等尺寸稳定结构的构件设计。第 6 章介绍尺寸稳定结构分析流程、指标定义、载荷分析和工况制定等方面的内容。第 7 章介绍热变形分析、湿变形分析和重力释放等尺寸稳定结构分析方法。第 8 章介绍尺寸稳定结构频域分析方法。第 9 章介绍尺寸稳定结构不确定性分析方法。第 10 章针对目前航天器结构中广泛应用的复合材料层合板结构的不确定性传递特性进行介绍。第 11 章介绍了蜂窝夹层结构的不确定性传递特性。第 12 章介绍了基于贡献度的关键部件识别。第 13 章介绍了基于 DOE 分析的关键部件识别。第 14 章介绍了尺寸稳定结构优化方法，叙述了尺寸稳定结构优化分析流程、典型工况、灵敏度分析以及优化算法。第 15 章介绍了尺寸稳定结构试验验证。

　　下列人员在本书的创作过程中做出了重要贡献：张新伟，徐庆鹤撰写第 1 章；张新伟，白刚，钱志英，赵震波，徐庆鹤撰写第 2 章；白刚，王晓宇，张也驰撰写第 3 章；白刚，张玲，钱志英撰写第 4 章；白刚，张玲，王晓宇撰写第 5 章；钱志英，赵震波，刘国青撰写第 6 章；钱志英，赵震波，刘国青，高行素，石文静撰写第 7 章；赵震波，刘国青，钱志英撰写第 8 章；刘国青，赵震波，钱志英撰写第 9 章；刘国青，赵震波，钱志英撰写第 10 章；刘国青，赵震波，高行素撰写第 11 章；刘国青，赵震波，高行素撰写第 12 章；刘国青，赵震波撰写第 13 章；钱志英，赵震波，刘国青撰写第 14 章；蔡铮，钱志英，刘国青，赵震波撰写第 15 章。

　　由于作者水平有限，书中难免有不妥之处，敬请读者批评指正。

目　录

第1章 绪 论

1.1 尺寸稳定性的概念与内涵

尺寸稳定结构是指在各种环境条件下对其形状、尺寸具有良好保持能力的结构零部件或装配体，结构的这一特性称为尺寸稳定性。尺寸稳定性可以表征系统保持与其性能相关几何特性的能力。为工程应用方便，还可以定义与之对应的概念——尺寸不稳定性，它是指材料在受到外部条件变化或随着时间变化而发生的所有扭曲、变形或应变的统称[1]。这两个概念大体上对应于同一问题的不同研究阶段，前期的研究多集中于材料特性方面，一般用基本的变形量表征，如应变、位移等，重点在于研究材料尺寸在各种环境条件下的变化规律，主要适用于材料级对象，此时多采用尺寸不稳定性这一概念[2-3]；后期则偏重于如何通过合理手段，提高尺寸稳定性以满足系统的性能要求，多用于工程设计，与工程指标相关，其表征除基本的应变和位移以外，还可能是广义的变形，如矢量指向、平面度等，适用于结构和系统级对象，此时多采用尺寸稳定性这一概念[4]。因为本书是以航天器尺寸稳定性设计为主题的，因此，本书主要采用尺寸稳定性这一概念，个别地方为与已有文献一致或叙述方便，有时也采用尺寸不稳定性的概念。

1.2 尺寸稳定性问题的类型

根据航天器尺寸稳定结构技术的特点，本书将尺寸稳定性分成两个基本类型：变形可恢复的Ⅰ型尺寸稳定性问题和变形不可恢复的Ⅱ型尺寸稳定性问题。严格来说，所有的尺寸稳定性问题都是Ⅱ型的，正如本书后面章节将详细描述的，无论材料或结构处于什么环境下，即使不施加任何载荷，都将在足够长的时间后，产生不可恢复的永久变形。但是，如果从满足工程所需精度的角度看，航天器结构在一段时间内的某些环境载荷作用下，变形在一定精度范围内是可恢复的，此时尺寸稳定性问题就是Ⅰ型的。例如，对于一个要求 $10~\mu m$ 量级稳定性的结构来说，$0.1~\mu m$ 的永久变形是可忽略不计的，那么，短期来看，这就是一个Ⅰ型尺寸稳定性问题，反之，对于一个要求亚微米级尺寸稳定性的结构来说，$0.1~\mu m$ 的永久变形出现则意味着这是一个Ⅱ型尺寸稳定性问题。由此可见，一个尺寸稳定性问题是Ⅰ型还是Ⅱ型，并不是由出现永久变形的绝对量级决定，而是从工程可接受的尺寸稳定性精度的角度出发给出的分类定义。Ⅰ型尺寸稳定性问题一般对应线性或广义线性问题，是短期的，可量化分析，多通过设计手段提高尺寸稳定性，大多可用胡克定律进行描述，例如大多数的航天器在轨热变形、重力释放问题等。Ⅱ型尺寸稳定性问题一般对应非线性问题，是长期的，很难量化分析，多通过工艺措施提高尺寸稳定性，不能用胡克定律进行描述，如材料随时间的蠕变、辐照导致的性能退化等。Ⅱ型尺寸稳定性问题有三种不同的表现形式[5]：

　　1）在固定环境中随时间而发生的尺寸稳定性变化，如固定载荷下的蠕变；

　　2）暴露于可变环境后，在固定环境下测量出的变化，如材料在载荷释放后的残余变形；

　　3）在固定环境下测量，并根据环境路径再次到达固定环境，如材料经历不同的热循环环境后，其变形特性会发生不同的变化。

　　正确理解和区分Ⅰ型和Ⅱ型尺寸稳定性，对航天器结构的尺寸稳定性设计极端重要，首先，它们的分类与后面要引入的航天器尺寸稳定性指标的分类密切相关，其次，只有清楚了Ⅰ型和Ⅱ型尺寸稳定性的关系和区别，才能有针对性地开展设计工作，减小设计的盲目性。

1.3　航天器尺寸稳定性问题特点

　　与密度、体积和弹性模量等描述物质特性的物理量一样，尺寸稳定性是材料或结构的固有属性，但与这些常见物理量不同的是，航天器的结构尺寸稳定性的内涵更丰富。

　　常规航天器结构以强度和刚度为主要设计要素，但航天器结构尺寸稳定性的设计指标却往往从有效载荷的要求衍生而来，尽管尺寸稳定结构与一般航天器结构的设计有一些相似之处，但在尺寸稳定性结构的材料选择、构型设计、仿真分析和试验验证等方面也具有不同于常规结构的设计方法，尺寸稳定性航天器结构的设计具有如下特点：

　　（1）尺度范围小

　　尺寸稳定性概念在很多行业都存在并广泛使用，如建筑业和纺织业，但这些行业的尺寸稳定性大多考虑的是毫米或几十毫米范围内的变化，而航天器尺寸稳定性讨论的尺寸变化一般是指长度在 $10^{-7}\sim10^{-6}$ m/m（或以 1 个微应变以下表示）的范围，角度在 $0.1''\sim10''$ 之间[6-8]。近年来，随着高精度科学探测卫星的发展，对尺寸稳定性的要求更为苛刻，尺寸稳定性的研究已经进入到纳米和皮米尺度[9]。本书涉及的尺寸稳定性量级在 $10^{-9}\sim10^{-5}$ m/m 之间。

　　（2）概念内涵大

　　尺寸稳定性不是单一或特定的材料特性，而是描述一系列材料、结构特性或与特定要求相关的一系列特性的统称。材料的尺寸稳定性一般用特定单位载荷条件或环境下 m/m 的变形来表示，其概念与传统的变形定义一致。但航天器结构的尺寸稳定性则有了比较大的扩展，它既可以像材料一样，用单位载荷或环境下的 m/m 变形来表示，也可以是单位载荷下的矢量指向、矢量夹角、平面度等描述变形的计算结果，甚至将变形与有效载荷性能指标进行关联，这使得对尺寸稳定性的评估变得间接而复杂[10]。

（3）影响因素多

航天器结构的尺寸稳定性研究的是微小尺度的变化，在这一尺度下，航天器结构所处各种环境对材料和结构的尺寸稳定性都存在影响。包括机械负载、温度、湿度、真空、辐照、化学环境等，甚至时间或者载荷的加载历程都是尺寸稳定性的一个影响因素。Ernest G. Wolff 认为，尺寸稳定性可以表示为应力、温度、湿度、时间和辐射等外部影响的一个多元函数[1]。因为需要研究光、机、电、热多场耦合下的尺寸稳定性效应，所以尺寸稳定性问题具有多学科耦合的特点[11-13]，这使得各分系统之间的指标高度耦合，因此，在航天器不同分系统之间分配尺寸稳定性指标也非常困难，各分系统指标的分解往往是一个反复迭代的过程。

（4）问题解决难

将一个受力零件的变形控制在 10^{-2} 或 10^{-3} 的应变量级以下是相对容易的，但在 10^{-6} 甚至更低的应变量级上进行变形控制，则无论是什么材料，所有部件都存在一定程度的尺寸不稳定性。所以解决航天器尺寸稳定性问题不是"我们如何才能消除不稳定?"，更确切地说是"我们如何才能将其降低到可容忍的水平?"[14]。

（5）载荷关联强

航天器的尺寸稳定性要求绝大部分来自于有效载荷，因此，其稳定性要求直接与有效载荷性能相关联。对于一些有效载荷，$10^{-6}\,\mathrm{m/m}$ 的变形是可接受的，而对于另外一些有效载荷，$10^{-7}\,\mathrm{m/m}$ 的变形也是不可接受的，所以，对航天器来说，是否存在尺寸稳定性问题，并不是以变形绝对量大小作为标准，而是以有效载荷要求为最主要的依据进行考量。

（6）系统耦合度高

航天器尺寸稳定性的性能优劣往往受到整个航天器系统多个零部件的影响，通过单一部件设计达到整星的尺寸稳定性指标非常困难，因此表现出强烈的系统性。由于系统性的存在，在航天器各个零部件之间分配尺寸稳定性指标是很困难的，各部件之间的指标是高度耦合的。

（7）不确定性强

尺寸稳定性结构的变形指标多数是微米级，指向变化多在角秒级，这种精度下的计算对模型的不确定性、参数的不确定性非常敏感，计算结果往往包含各种不确定性因素的影响，并且不能忽略，从而使得计算结果可能不再是确定的值，而是散布在一个区间上，具有一定的不确定性。在设计、制造过程中，各种不确定性的因素也会对产品的尺寸稳定性指标产生非常明显的影响[15-17]。

（8）验证难度大

试验验证过程中针对微米级和角秒级指标的测量，试验验证系统的搭建，试验结果的处理，试验系统以外的环境因素的影响评估等方面的问题，都对当前的试验测量技术提出了挑战，甚至相当多的尺寸稳定性指标是地面不可测试的，只能通过间接测量或仿真分析进行验证[18-19]。

1.4　尺寸稳定性与航天器性能的关系

不同有效载荷和不同任务需求，受尺寸稳定性影响程度不同，表 1-1 是一个有效载荷、尺寸稳定性和任务影响程度的粗略关系。

表 1-1　航天器材料、部件和结构的尺寸稳定性效应

应用	尺寸改变	效应
天线	每米长度上产生 600 μm 的变化	严重的信号损失
微波滤波器和波导	每米尺寸产生 1~100 μm 的变化	功率损失
光学或敏感器/支撑	每米长度上产生 10~100 μm 的变化	不可接受的指向和跟踪损失
镜面	每米尺寸产生 0.1~10 μm 的变化	成像和分辨率失真
激光通信	激光的角秒级偏转	任务失败
大型空间望远镜	两个镜面之间每米长度产生 1 μm 变化	运行不正常
洲际导弹陀螺	转子中心每米长度产生 1 μm 变化	305 m 的目标偏离

对于各类航天器任务来说，尺寸稳定性影响具体体现在：

（1）高分辨率类卫星

随着航天技术的发展，卫星图像分辨率和定位精度逐步提升，高精度有效载荷对航天器平台的各项性能要求也随之提高，这其中的尺寸稳定性是最重要的一项关键指标。以某一高分辨率遥感卫星为例，其图像分辨率为 0.8 m，地面无控制点定位精度优于 11 m，分配出的相机光轴指向确定精度优于 4.5″，本书成稿时高精度星敏感器指向测量精度可达 0.3″，时统精度带来的指向损失约为 1.6″（按 50 μs 时统精度计算），相机自身的结构变形、连接星敏与相机的结构变形所引起的相机光轴确定精度误差不得超过 1.9″，其中相机结构稳定性要求在光程约 5.4 m 尺寸范围内结构变形尺寸不得大于 1/3 像元，以 7 μm 的 CCD 器件计算，其尺寸变化不得超过 2.3 μm，由此引起的相机光轴变化约 0.9″，由在轨温度场变化引起的连接星敏感器与相机的结构变形所引起的相机光轴确定精度误差不得超过 1″，这就要求结构在温度载荷作用下的尺寸稳定性在 $10^{-6} \sim 10^{-7}$ m/（m·℃）量级，如高分二号卫星[20]、高分多模卫星[21] 等。

（2）测绘类卫星

测绘类卫星通常装载两台或多台成一定角度的相机，为了得到同名点在不同图像中的位置以进行匹配而形成立体图像，需要图像具有较高的定位精度和图像质量，不仅要求相机与星敏感器之间的夹角稳定，而且要求多台相机之间夹角的稳定。对于大比例尺测绘卫星，两台相机之间夹角变化通常要求不大于 1″，相当于要求结构尺寸稳定性在 $10^{-6} \sim 10^{-7}$ m/（m·℃）之间，对于更大比例尺的测绘卫星，要求的结构稳定性则更高。例如资源三号卫星成像数据显示，成像期间星敏感器与相机之间相对指向变化不大于 0.5″[22]，高分七号卫星前视相机、后视相机和激光测高仪安装面法线夹角在 XOZ 平面内投影变化不大于 0.56″[10]。

（3）天文物理学类卫星

该类卫星为探索宇宙形成、基础天文物理原理的卫星，由于探测距离以光年计算，超远的探测距离要求平台具有精确的指向、超高的指向测量精度，长时间的凝视要求平台具有高稳定度，指向精度在亚角秒级，指向测量精度在 0.01″级，光轴稳定度在 0.01″级，高性能的天文观测卫星如哈勃空间望远镜[23] 或詹姆斯·韦伯空间望远镜[24] 则具有更高的指标要求。这样高的指向精度和光轴稳定度要求意味着需要采用高稳定性的材料及结构，如哈勃望空间远镜使用材料的尺寸稳定性达到纵向 0.05×10^{-6} m/（m·℃）、横向 0.14×10^{-6} m/（m·℃）。

（4）系外行星观测类卫星

太阳系外类地行星观测类任务需要长时间观测系外恒星，通过恒星的变化光谱等信息获得类地行星的特性，进而推断地外天体情况，这类卫星需要精确指向天区特定位置，需要超高的稳定度，指向精度在亚角秒级，指向测量精度在 0.01″级[25]。例如开普勒空间望远镜的稳定度指标为 0.009″/15 min，为了实现这样的指标必须具有毫角秒级的指向测量精度，这些都要求使用稳定性极好的结构材料[26]。

（5）太阳观测类卫星

这类卫星需要对 1.5 亿千米外的太阳产生的喷射、日冕、耀斑等进行探测，由于距离远，需要高精度指向，指向精度在角秒或亚角秒级，指向测量精度在亚角秒级。例如 Solar-B 太阳观测卫星的稳定度要求为 0.1″/10 s，为了实现这样的指标必须具有亚角秒级的指向测量精度，这些都要求使用稳定性极好的结构材料[27]。

（6）大型通信卫星

通信卫星的大型抛物面天线因温度交变有可能变形，导致天线增益下降。如一些空间探测器的天线温度变化范围达 200 ℃以上，需要采用接近零膨胀系数的复合材料作反射面[28-29]。

（7）高分辨率 SAR 卫星

干涉 SAR 卫星的干涉测量精度达到毫米级[3]，大型 SAR 天线尺寸达到十余米，温度波动达到数十摄氏度，在这样的尺寸范围和温度波动范围条件下，结构变形要控制在亚毫米级，因此需要使用高尺寸稳定性的结构材料[30]。

（8）重力测量卫星

为了研究地球重力场，各国正在研制或已经发射了多颗重力测量卫星，如美国国家航空航天局（NASA）与德国宇航中心联合研制的 GRACE 卫星[31]，在轨期间整星质心变化要小于 3 μm 才能获得高精度的地球重力场模型，这要求 GRACE 整星都必须是由尺寸稳定性结构组成。

将尺寸稳定性的要求落实到具体的结构上，则可以引申出如下的需求：

（1）有效载荷自身结构稳定性需求

天文观测相机和高精度对地观测相机内部结构复杂，且相机受地球红外线辐射、太阳照射、内部具有焦面等大功率器件发热的影响较大，保证相机自身的良好热场环境具有较大难度。当前较高水平的温控可达到±1 ℃，则对于上述相机要求结构的热膨胀系数为 0.5×10^{-6} m（m·℃）或更高的结构稳定性。该部分结构既要保证长度尺寸稳定性，又要保证角度稳定性。为了实现较高水平的温度稳定性，需要给热控分系统更多的功耗或其他星上资源，以致卫星难以承受，因此如何研制出具有尺寸稳定性的航天器结构具有重要的现实意义。

（2）连接有效载荷与航天器平台的适配结构的稳定性需求

由于星敏感器安装面与相机连接面的尺寸间距一般不大于 500 mm，星敏感器支架一般为外露结构，温度场条件复杂，其温度控制精度一般为±2 ℃，在这样的条件下需保证星敏感器安装面相对于星敏感器支架与相机连接面法线矢量夹角变化量不大于 1″，该星敏支撑结构需保证角度稳定性，这类尺寸稳定性结构对有效载荷满足指标、降低系统能耗和设计难度都至关重要。

（3）不同有效载荷之间的稳定性需求

如在配置多台有效载荷的测绘卫星中，两台相机安装面处应保证两相机安装面夹角变化不大于 1″的高尺寸稳定性要求，相机安装面整体尺寸可达 2 m×2 m，高度可达 1 m，温度控制水平可达±2 ℃，对两台相机间夹角的要求具有方向性，即只在一个面内投影的夹角稳定性具有要求，其余的面内夹角无要求。具有优于 10 m 定位精度的卫星必须具备上述高水平的结构稳定性，此时，结构稳定性成为制约卫星实现定位精度的重要因素。

1.5　航天器尺寸稳定结构研制流程

航天器尺寸稳定结构设计是个系统而复杂的过程，其研制流程包括：

（1）任务分析与指标确定

从航天器顶层任务规划出发，基于有效载荷任务需求，提出航天器的尺寸稳定性要求，对航天器的尺寸稳定性的相关设计功能、性能和指标进行细化和量化，确定尺寸稳定性的类型。任务分析包括轨道、环境、工作模式、载荷特点、指标形式等多方面分析内容。

（2）影响因素识别

航天器结构尺寸稳定性受到各种环境因素的影响，是否将某个影响因素作为研究对象，需要结合任务分析的结果以及指标的类型，准确识别后续设计中需要考虑的影响因素，既不能遗漏影响因素，也不建议将可忽略不计的影响因素纳入设计流程。对影响因素不正确的识别，可能导致设计失败或付出不必要的时间和经济成本，设计时必须予以足够的重视。

（3）关键部件识别

尽管多数尺寸稳定性的指标可能受到整个航天器的影响，但是，各个部位的影响程度是不一样的，需要识别出对尺寸稳定性影响最大的几个部件，对指标进行分解，有针对性地分别开展尺寸稳定性设计，可以解耦影响、降低尺寸稳定性设计的难度，缩短设计时间。

（4）材料选择

根据指标任务分析的结果，确定结构选用的材料。一般而言，温度是尺寸稳定性影响的主要因素，因此，热膨胀系数小的材料是优先选择，但与此同时，还应该考虑主动段发射载荷、在轨使用环境、湿膨胀效应等因素对尺寸稳定性的影响，在综合考虑各种因素的基础上，选择合适的结构材料。

（5）尺寸稳定性结构设计

开展具体的尺寸稳定性结构设计，包括几何构型、内部连接设计、外部连接设计、工艺可行性设计等，如果是层合复合材料，还需要进行铺层设计。

（6）仿真分析

首先进行载荷分析，确定载荷条件，然后选择合适工况，建立仿真分析模型，进行仿真分析。此时，如果分析结果表明尺寸稳定性指标不能满足总体要求，可能需要回到前面的步骤重新进行设计工作。除尺寸稳定性相关分析以外，航天器结构设计中的强度、刚度和各种工作环境下的力学响应也应同时计算，以航天器结构综合性能最佳为最终设计目标。

（7）投产产品或试验件

在分析表明结构尺寸稳定性指标满足要求之后，需要投产产品或试验件，试验件的形式既可以与实际产品一致，也可能是实际产品的局部试验件或缩比件，或者是某个典型的几何构型的试验件。

（8）试验验证

尺寸稳定性结构设计的最后一步是对结构进行试验验证，与航天器结构其他类型的指标验证方式不同，由于载荷工况模拟的困难，测量精度的限制，时间经费等因素的影响，通过试验对尺寸稳定性指标进行直接验证在多数情况下是不可能的。因此，尺寸稳定性试验的目的多数是验证分析模型，通过修正的分析模型，对在轨稳定性指标的满足情况进行仿真分析，确定指标的满足度。

1.6　本书章节安排

本书系统描述了航天器尺寸稳定结构设计与验证相关的影响因素，设计中的材料选择，结构尺寸稳定的设计、仿真和试验验证方法等方面的内容，力图全面、完整和系统地阐述航天器结构尺寸稳定性设计与验证的各个方面。

第 1 章，绪论。介绍尺寸稳定性的概念和内涵，航天器尺寸稳定性问题的特点，尺寸稳定性对航天器性能的影响，结合工程实际，给出了尺寸稳定性航天器结构的研制流程。

第 2 章，影响因素。从热、湿和辐照等多方面介绍了各种单因素和多因素耦合环境效应对结构尺寸稳定性的影响机理和影响程度，为分析环境对尺寸稳定性影响提供理论依据。

第 3 章，结构材料。介绍了金属、金属基复合材料、树脂基复合材料和陶瓷基复合材料的尺寸稳定性相关性质，及其在尺寸稳定性方面的优缺点、应用的实例，为结构尺寸稳定性设计提供材料选择的依据。

第4章，尺寸稳定结构设计流程。介绍了尺寸稳定性结构设计的指标体系、概念和流程等方面的内容。

第5章，尺寸稳定结构设计。针对目前航天器结构中应用最广泛的层合板、框架结构、蜂窝板、内部连接的湿热特性进行了详细介绍，并从理论上对零膨胀设计的可能性进行了介绍。

第6章，分析一般过程。从顶层对尺寸稳定结构的分析流程、指标定义、载荷分析和工况制定等方面进行描述。

第7章，时域分析方法。主要针对航天器尺寸稳定结构设计中的热变形分析、湿变形分析和重力释放分析等分析过程的边界条件、模型检验以及分析过程中的一些常见问题进行了描述。

第8章，频域分析方法。对尺寸稳定结构在频域分析中的频谱定义、频谱校正方法、拟合误差进行了描述，并对工程计算过程中的初值、边界和数据长度对计算精度的影响进行了描述。

第9章，不确定性分析方法。针对不确定性对尺寸稳定性结构具有明显影响这一特点，介绍尺寸稳定性结构不确定性的来源，分析流程、方法和分析实例。

第10章，层合结构不确定性传递。针对目前航天器结构中广泛应用的复合材料层合结构的不确定性传递特性进行了分析，通过分析结果，识别不确定性影响的程度以及主要参数，为考虑不确定性的尺寸稳定性结构设计提供理论参考。

第11章，蜂窝夹层结构不确定性传递。针对蜂窝夹层结构的不确定性传递特性进行了分析。

第12章，基于贡献度的关键部件识别。给出了一个量化的方法，从航天器的所有结构部件中，识别出贡献度最大的结构部件，为识别设计的关键点和简化设计，提供了一个方法。

第13章，基于DOE分析的关键部件识别。这是关键部件识别的更精细化的方法，利用该方法可以得到各个部件的影响权重百分比。

第14章，优化方法。叙述了尺寸稳定结构优化分析流程、典型工况、灵敏度分析以及优化算法。

第15章，试验验证。介绍尺寸稳定性结构的试验验证流程、试验加载方法、测量方法和试验中的注意事项。

参 考 文 献

［1］ E G Wolff. Introduction to the Dimensional Stability of Composite Materials. Destech Publications Inc，2004.

［2］ Bruin W－de. Dimensional Stability of Materials for Metrological and Structural Applications ［J］. CIRP Annals－Manufacturing Technology，1982，31（2）：553－560.

［3］ Charles W，Marschall Henry－E，Hagy－Roger－A. Paquin. Dimensional stability workshop ［C］. Dimensional stability，SPIE，1990：217－243.

［4］ Edeson R，Aglietti G S，Tatnall A R L. Conventional stable structures for space optics：The state of the art ［J］. Acta Astronautica，2010，66（1）：13－32.

［5］ Dolgin B P，Moacanin J，O'donnell T P. Theoretical Limits of Dimensional Stability for Space Structures ［C］//Optomechanics and Dimensional Stability，［S. l. ］：International Society for Optics and Photonics，1991：229－239.

［6］ 高洪涛，罗文波，史海涛，等. 资源三号卫星结构稳定性设计与实现 ［J］. 航天器工程，2016，25（6）：18－24.

［7］ 冉将军，许厚泽，沈云中，等. 新一代 GRACE 重力卫星反演地球重力场的预期精度 ［J］. 地球物理学报，2012，55（9）：2898－2908.

［8］ Cifie E，Matzinger L，Kuhn J，et al. JWST ISIM Distortion Analysis Challenge. 2004.

［9］ Machado J C，Heinrich T，Schuldt T，et al. Picometer Resolution Interferometric Characterization of the Dimensional Stability of Zero Cte Cfrp ［C］//Advanced Optical and Mechanical Technologies in Telescopes and Instrumentation，［S. l. ］：International Society for Optics and Photonics，2008：70183.

［10］ 钱志英，罗文波，殷亚州，等. 高分七号卫星结构尺寸稳定性设计与验证 ［J］. 中国空间科学技术，2020，40（5）：10－17.

［11］ Cullimore B，Panczak T，Baumann J，et al. Automated Multidisciplinary Optimization of a Space－Based Telescope. 2002，1.

［12］ Kahan M A，Levine－West M B，Scola S，et al. Development and implementation of a genericanalysis template for structural－thermal－optical－performance modeling ［J］. Optical Modeling and Performance Predictions VIII，2016，9953：99530A.

［13］ Kahan M A，Hoff C，Cady E，et al. High－precision thermal，structural，and optical analysis of an external occulter using a common model and the general purpose multi－physics analysis tool Cielo ［J］. International Journal of Empirical Finance，2015，4（9）：81270M－81270M－13.

［14］ Paquin R A. Dimensional Instability of Materials：How Critical Is It in the Design of Optical Instruments？ ［C］//Optomechanical Design：a Critical Review，［S. l. ］：International Society for Optics and Photonics，1992：1026509.

［15］ Sriramula S，Chryssanthopoulos M K. Quantification of uncertainty modelling in stochastic analysis of FRP composites [J]. Composites Part A Applied Science & Manufacturing，2009，40 （11）：1673 - 1684.

[16]　Tanaka S，Arai M，Goto K，et al. Quantitative Investigations on the Dimensional Stability of a CFRP Reflector Model against Temperature Variations [J]. Transactions of the Japan Society for Aeronautical and Space Sciences，2019，62 （5）：275 - 283.

[17]　Hinckley M. Statistical evaluation of the variation in laminated composite properties resulting from ply misalignment [J]. Proceedings of SPIE - The International Society for Optical Engineering，1990，27 （3）：497 - 511.

[18]　Testing the GRACE follow - on triple mirror assembly [J]. Classical & Quantum Gravity，2014，31 （19）：195004.

[19]　Voigt D，Bergmans R H. Dimensional stability validation and sensor calibration withsub - nanometer accuracy [C] // International Conference on Space Optics 2012. Society of Photo - Optical Instrumentation Engineers （SPIE） Conference Series，2017.

[20]　潘腾，关晖，贺玮. "高分二号"卫星遥感技术 [J]. 航天返回与遥感，2015，36 （4）：16 - 24.

[21]　姜洋，范立佳，于龙江，等. 高分多模卫星图像定位精度保证设计与验证 [J]. 航天器工程，2021，30 （3）：69 - 75.

[22]　曹海翊，刘希刚，李少辉，等. "资源三号"卫星遥感技术 [J]. 航天返回与遥感，2012，33 （3）：7 - 16.

[23]　Coulter D R. NASA's Terrestrial Planet Finder missions [J]. Proc Spie，2004，5487：1207 - 1215.

[24]　Neam D C，Gerber J D，Aikens D M，et al. Structural design and analysis for an ultra low CTE optical bench for the Hubble Space Telescope corrective optics [J]. International Society for Optics and Photonics，1992，1690：273 - 286.

[25]　Bartoszyk A，Carnahan T，Hendricks S，et al. JWST ISIM Primary Structure and Kinematic Mount Configuration. 2004.

[26]　Wall M. NASA Solicits New Mission Ideas for Ailing Kepler Spacecraft [J]. Space news，2013，24 （32）：17.

[27]　Ozaki T，Naito K，Mikami I，et al. High precision composite pipes for SOLAR - B optical structures [J]. Acta Astronautica，2001，48 （5）：321 - 329.

[28]　周星驰，周徐斌，杜冬，等. 碳纤维复合材料天线反射面低变形优化设计 [J]. 航天器工程，2018，27 （1）：83 - 88.

[29]　张正尧，江世臣，王萌，等. 星载天线反射面型面热变形影响因素分析 [J]. 航天器环境工程，2021，38 （2）：130 - 137.

[30]　陈杰，周荫清. 星载 SAR 相控阵天线热变形误差分析 [J]. 北京航空航天大学学报，2004，30 （09）：839 - 843.

[31]　Kayali S，Morton P，Gross M. International challenges of GRACE Follow - On [C] // 2017 IEEE Aerospace Conference. IEEE，2017.

第 2 章　影响因素

2.1　概述

航天器结构尺寸稳定性受到内部材料自身特性（如热膨胀系数和湿膨胀系数等）和外部环境条件（如温度、湿度、真空和辐照等）两方面的影响。航天器的尺寸稳定性是由内部因素与外部因素共同作用的结果。内部材料特性有的与环境有关，有的与环境无关；外部环境因素有一次性的，有交变往复的；有单因素为主的，也有多因素耦合作用的。航天器结构尺寸稳定性设计的重要一步是识别结构工作环境并根据环境载荷和指标要求，进行材料选择，因此，必须对结构尺寸稳定性的环境影响因素、材料特性与设计指标的相互关系有所认识，以便选择正确的结构材料和使用环境条件。下面将影响尺寸稳定性的内部因素和外部因素逐一详细介绍。

2.2　相关特性

2.2.1　密度

密度并不与材料的尺寸稳定性有直接的关系，但作为航天器结构设计的主要约束，结构重量是必须首先考虑的因素。例如殷钢，虽然具有非常好的尺寸稳定性，但是由于其密度过大，除了作为局部连接件以外，几乎没有航天器结构采用纯的殷钢制造。这一点是航天器结构与地面设备之间的最大差异之一。但近年来，随着增材制造技术的发展，殷钢材质的点阵结构已经出现，并表现出较好的性能，这使得殷钢这一尺寸稳定结构材料在航天器结构中的大规模应用成为可能[1]。

2.2.2　刚度与比刚度

如果试样变形与负载严格同步，并且在移除负载后立即返回其原始长度，则其行为是纯弹性的。可以用弹性模量表征弹性材料抵抗变形的能力，称为材料的刚度，对于各向同性材料可以用杨氏模量 E 表示。对于有尺寸稳定性要求的结构，应尽可能地提高刚度[2]，原因是：

1）对于给定的质量，结构刚度越高，重力及其释放对变形的影响越小。

2）刚度较高的结构在发射过程中即使发生共振，在同样的加速度响应下，因为固有频率较高，而变形与频率的平方成反比，那么应力和变形的振幅通常较低，这对保持振动载荷下的尺寸稳定性非常重要。

3）各种操作过程中的响应也因为结构较高的刚度，而使得变形较小，有利于维持尺寸稳定性。

4）对于结构装配体，尺寸稳定结构与其他结构相互作用，较好的刚度使得其不容易受到外部其他结构变形的影响。

比刚度是将密度和刚度联系起来综合考虑的材料特性，比刚度表示为杨氏模量与密度的比值，比刚度越大，相同重量材料的承载效率就越高，这也是考虑材料利用效率的一个非常重要的因素。

2.2.3 热膨胀

温度是最常见的引起尺寸不稳定的非机械参数，因为绝大部分物体会由于温度改变而发生收缩或膨胀[3]。热膨胀系数（Coefficient of Thermal Expansion，CTE）是度量固体材料热膨胀程度的物理量，是单位长度、单位面积或单位体积的物体，温度升高单位摄氏度时，其长度、面积或体积的相对变化量。可用线膨胀系数、面膨胀系数和体膨胀系数表示

$$\alpha(T) = \frac{1}{L} \frac{dL}{dT}$$

$$\beta(T) = \frac{1}{S} \frac{dS}{dT}$$

$$\gamma(T) = \frac{1}{V} \frac{dV}{dT} \tag{4-1}$$

式中 L，S 和 V 分别表示长度（mm）、面积（mm^2）和体积（mm^3）。

工程中常用的是材料的平均热膨胀系数 $\alpha(T)_m$，它定义为在一定的温度区间内，温度每变化 $1 ℃$，单位长度变化的算术平均值

$$\alpha(T)_m = \frac{L - L_{ref}}{L_0(T - T_{ref})} \tag{4-2}$$

式中 L，L_{ref}，T，T_{ref}，L_0 分别表示变形后长度（mm）、基准温度下长度（mm）、当前温度（℃）、基准温度（℃）和初始长度（mm）。

线膨胀系数的单位为℃或 m/（m·℃）。线膨胀系数的数值一般都比较小，多在 10^{-6} 量级，因此为表示方便，也将线膨胀系数的单位以百万分之一的形式表示为 ppm/℃。

即使在室温附近的小范围温度范围内，膨胀特性一般也不是线性的。CTE 实际是给定温度范围内应变/温度曲线的割线梯度。甚至在很小的温度范围内，在一些材料中也观察到了路径依赖性、速率依赖性和滞后现象[4]。滞后的温度效应会对结构产生显著的累积效应，这是由于在其使用寿命中可能经历大量的热循环。因此，对于高精度的尺寸稳定性结构设计，需要更精确的 CTE 值或详细的位移-温度曲线。图 2-1 是几种材料热膨胀系数随温度变化的规律。

有些材料沿各个方向的线膨胀系数是相同的，例如大部分金属。而有些材料，沿不同方向线膨胀系数是不同的，例如碳纤维，沿纤维长度方向与垂直纤维长度方向的热膨胀系

数大多有明显的差异。绝大部分材料都具有热胀冷缩的特点，其热膨胀系数为正值[5]，少部分材料会随着温度的升高，体积不变或减小，这类材料称为负膨胀材料[6]。

在进行尺寸稳定结构设计时，低 CTE 值有两个方面的含义：工作温度下的低 CTE 和从室温到工作温度的低 CTE。前者影响相对尺寸稳定性的指标，后者影响绝对尺寸稳定性的指标[7]。设计指标类型的不同，意味着选取材料标准的不同。

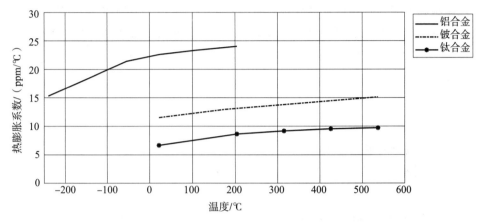

图 2-1　几种合金材料热膨胀系数随温度变化

2.2.4　导热性

材料的导热特性用导热系数和热扩散率描述。导热系数（又称热导率）是指在稳定传热条件下，1 m 厚的材料，两侧表面的温差为 1 K（或℃），在一定时间内，通过 1 m² 面积传递的热量，单位为 W/（m·K）（此处为 K 可用℃代替）。定义如下

$$\lambda_x = -\frac{q''_x}{\dfrac{\partial T}{\partial x}} \tag{4-3}$$

热扩散率是指在一定的热量得失情况下，物体温度变化快慢的一个物理量，它表示物体在加热或冷却过程中，温度趋于均匀一致的能力。它的大小与物体的热导率 λ_x 成正比，与物体的热容量 C_v 成反比，单位是 m²/s。可用下式表示

$$K = \frac{\lambda_x}{C_v} \tag{4-4}$$

对于尺寸稳定结构，希望采用高导热性材料，因为导热差的材料可能在结构中产生温度梯度，这种梯度会导致较大的应力和不必要的变形。

2.2.5　吸湿性

根据国家标准 GB/T 1462 — 2005 的表述[8]，固体材料与液体相接触时，液体分子会向固体材料内部扩散，并以物理或化学的方式存在于固体中，宏观表现为固体材料质量增加，质量增加的大小和速度是材料固有的性质，即材料的吸水性或吸湿性。一般表述吸湿

性可用下列方式表示：

  1）绝对吸水量；

  2）单位表面积吸水量；

  3）相对于试样质量的吸水百分率。

  航天器结构中的有机材料，尤其是环氧树脂和其他复合材料基体易受吸湿性影响。湿气是除温度载荷外引起有机材料形变的最重要环境条件。与热膨胀系数的定义方式类似，湿膨胀系数（CME）用于描述材料的湿膨胀特性，且习惯以前面叙述的第三种方式表示。

  假设 M 表示混合物中溶质重量百分比，湿膨胀系数 CME 单位是微应变/水分变化百分比（ΔM），即

$$\text{CME} = \beta_{ij} = \varepsilon_{ij} / \Delta M \tag{4-5}$$

式中 $\Delta M = \Delta W / W_0 \times 100 = \Delta(c/\rho) \times 100$；

   ΔM ——材料的重量变化；

   W_0 ——材料初始重量；

   c ——水分浓度；

   ρ ——材料干燥状态下的密度；

   ε_{ij} ——相应方向的应变。

  式（4-5）表明，湿膨胀系数与方向有关，不是各向同性的。例如单向碳环氧复合材料在相对湿度为 50% 左右的状态下进行干燥过程中纤维长度（或轴线）方向上每英寸收缩大约 35 微英寸[①]，相应的横向（或径向）膨胀约（3~4）$\times 10^{-3} / M$。在一些精度要求不高的湿膨胀计算中，纤维方向的湿膨胀可以假设为 0，一些手册中也往往直接给出纤维长度（或轴线）方向的湿膨胀为零，但在高精度计算中，其值必须精确给定，否则会给出不精确的结果。

  至今尚未发现因吸湿而引起收缩的材料，这一点与热膨胀系数有可能是负值的情况不同。与温度效应不同的是，湿度环境不会使材料立刻产生变形，材料"吸湿"或"湿气释放"过程较为缓慢，通常需要经过较长的时间才能够达到平衡。

  复合材料湿膨胀的影响因素很多，主要包括：纤维模量、湿膨胀系数、树脂平衡含水量、纤维体积含量、相对湿度、暴露时间、温度、扩散常数和层压板厚度等。解吸过程中的应变测量在干燥空气、流动干燥空气或惰性气体和真空中进行时，往往得出不同的结果，因此，有必要明确计算湿膨胀时所取参数的测量环境。

  对于厚度为 h 的板，材料含水量可近似表示如下[9]

$$G = 1 - \exp\{-7.3(D_z t / h^2)^{0.75}\} \tag{4-6}$$

式中 G ——材料中的含水量；

   D_z ——沿厚度方向的扩散率；

   t ——时间。

---

① 1 英寸 = 25.4 mm。

扩散率与溶剂浓度和温度相关。对于碳纤维环氧树脂基复合材料，D_z 的典型值为 $3\sim30\times10^{-8}$ mm^2/s。

热扩散率与温度的关系可表示为

$$D = D_0 \exp(-Q/RT) \qquad (4-7)$$

式中 Q——扩散的活化能；

　　　　R——气体常数。

碳纤维的 Q 值约为 8 500 cal，D_0 在 $0.09\sim0.3$ mm^2/s 之间。

2.2.6 微屈服

在常规的航天器结构中，一般是以屈服强度，即产生 0.2％塑性应变所需的屈服应力值作为强度设计极限，并在一定安全裕度下开展设计。但是对于有尺寸稳定性要求的结构来说，在 0.2％塑性应变出现以前，在更低量级的塑性应变导致的尺寸变化，可能已经使得结构的尺寸稳定性不满足要求。为此，在尺寸稳定性中，定义微屈服强度，为尺寸稳定性设计提供一个更精确的强度校核依据。

材料的微屈服（MYS）行为是指塑性应变很小时材料的应力与应变关系〔通常指 $(1\sim2)\times10^{-6}$ 的残余应变量〕，它反映了材料在微小变形量情况下抵抗塑性变形的能力[10]。MYS 也被称为精密弹性极限（PEL），但这种性质既不是弹性的，也不是极限。

与较高应力水平下的屈服不同，微屈服强度并不总是可重复的。这很大程度上取决于材料的加载和热处理历史，以及进行试验的方式。此外，传统的 0.2％应变与微应变之间没有关系，因此不能用前者来推断后者[11-12]。

2.2.7 微蠕变

蠕变是一个用来描述在载荷下许多不同材料行为的术语。蠕变导致固体变形，这种变形与时间有关，并且可以由远低于传统弹塑性分析预期的载荷引起，它可以是可恢复的、不可恢复的或部分恢复的。

蠕变对温度具有强依赖性，在文献中主要考虑高温应用。在许多金属材料的微屈服区也可能发生室温蠕变，这是由于与温度有关的原子振动，加速了位错滑移的发生。固体在非零温度下处于加载状态的时间越长，发生这种情况的可能性就越大[13]。

从分析上讲，蠕变可以被视为粘弹性问题[14]，在使用复合材料的情况下，蠕变是弹性纤维在粘弹性基体中的变形叠加。对微蠕变的研究目前开展得比较少，对尺寸稳定性的影响尚处于研究中[15]。一般来说，它需要通过定制测试来确定所需的材料参数，或者确保设计不包括高稳定性路径中的基本承载构件来处理。

2.2.8 变形系数

变形系数包括稳态变形系数（CTE/K）和瞬态变形系数（CTE/D）[16]。稳态变形系数定义为材料热膨胀与热传导系数之比，其值越小，则稳态热梯度造成的热变形越小。瞬态变形系数定义为材料热膨胀系数与热扩散系数之比，其值越小，达到热平衡的时间越短，以及由此造成的热变形越小。

2.2.9　纤维体积含量

树脂基复合材料中的纤维体积占总体积之比称为纤维体积含量。纤维体积含量是树脂基复合材料热膨胀系数最主要的影响因素之一。研究表明，纤维体积含量在树脂基复合材料的尺寸稳定性材料参数灵敏度分析中，具有最大的影响权重[17]。在采用树脂基复合材料进行尺寸稳定结构设计时，除了需要确定纤维的材料外，还需要确定纤维体积含量，否则，热膨胀系数会出现较大的偏差。

2.2.10　边界效应

因为材料上更接近表面的约束比内部材料小，边缘、角部或自由表面具有与内部材料不同的应力状态。一般而言，对于各向同性材料，边界效应的尺寸与结构的最小特征尺寸有关。如在远离边界尺寸约等于层压板的厚度与梁结构最大横截面的距离上，边界效应将消失，这个规律符合圣维南原理[18]。对于高度各向异性的复合材料，边界效应衰减长度可能远远大于最大横截面尺寸，尤其是夹层结构，端部效应会在试件宽度几倍的距离内传播。这一点是设计尺寸稳定结构时必须要考虑的，尤其是对尺寸稳定结构试验件进行材料特性测试时，夹具的设计、变形测量的位置，必须剔除边界效应的影响[19]。

2.2.11　残余应力

复合材料的残余应力是由复合材料成型历史引起的复合材料各个组分之间的内应力，相关经历包括制造或制造顺序、热处理、机械加工、潮湿环境变化或辐射损伤等。残余应力产生的原因是因为复合材料一般在高温下制造成型，其组成的各种组分具有不同的特性，特别是刚度和热膨胀系数，当材料逐渐恢复到常温时，这些不同特性的组分之间会残留一部分应力，即为残余应力[20]。残余应力取决于组分的时变特性，如固化过程中的化学反应和随后的基体粘弹性行为[21]。在复合材料制造和使用的全寿命中，残余应力会一直累积或释放，结果导致复合材料结构的尺寸变化。应力松弛是常见的应力释放现象，可以用幂律模型来模拟，并通过准静态拉伸试验获得粘弹性参数，以预测应力松弛[22]。

金属材料也是如此。研究表明，残余应力是磨削后表面以下深度的函数[23]。如果进行常规磨削，表面附近会有很高的残余应力，然后表面下方的残余应力会逐渐减小到非常小的压应力。使用粗磨会得到更高和更深的残余应力，而使用精磨，可以在表面上得到较小的压应力，然后在内部得到非常低的应力。

2.2.12　微裂纹

复合材料在制造、储存和使用过程中产生的残余应力可能超过局部强度，复合材料因此会产生内部损伤，其表现形式为纤维、基体或界面开裂，纤维或基体塑性、粘弹性或粘塑性变形以及这些因素的组合。损伤可能包括纤维断裂或开裂、纤维拉拔和缺陷或空隙的增长[24]。

微裂纹也由应力循环、吸湿或脱湿、辐射和机械应力引起，并且在各种载荷作用下，微裂纹会逐渐扩展。其效应是降低机械性能，特别是刚度。损伤会增加气体和水分的渗透性。当裂缝和空隙形成时，以及在使用过程中它们增长或收缩时，会导致尺寸的变化。因为刚度降低，CTE 和 MYS 也间接影响了尺寸稳定性[25]。

2.2.13　几何尺寸

材料的热膨胀系数不但与温度有关，还与结构尺寸有关，对于低尺寸稳定性要求，这种尺寸影响效应可以忽略，但对于航天器高尺寸稳定性要求，这种影响不可忽略。经研究，金属圆棒材料的热膨胀系数与金属圆棒的直径有关，两者存在一个近似的拟合函数关系[26]。目前，尺寸效应对热膨胀特性影响的研究非常欠缺，这也说明了进行结构的典型样件和实际产品进行全尺寸热变形测试的必要性。

2.2.14　理论极限

鉴于尺寸稳定性对于航天器性能的重要性，自然希望能够使用或制造零膨胀、零变形的材料，以获得绝对的尺寸稳定结构，但是，原子的热力学振动影响了材料的机械尺寸稳定性。根据分析，对于大多数材料而言，在室温下，质量为 1 kg 的 10 m 长的杆将以 0.01Å 的振幅振动。另外，对于复合材料来说，由于各种组分的膨胀系数和热扩散率不同，即使是设计为"零膨胀"的复合材料结构，在温度变化过程中，各个组分呈现出变形延迟或迟滞，结果导致在变形的过程中，"零膨胀结构"表现出的宏观变形 CTE 约等于最刚性组分 CTE 的两倍。此外，结构中的温度、能量等即使在宏观上表现为定值，但在结构内部，尤其是在微观尺度上，不同组分之间必定存在温度变化和能量流动，这也会导致结构出现宏观尺寸稳定性问题[27]。

正是基于上述原因，研制"零膨胀"材料从理论上就是不可实现的。因此，航天器结构尺寸稳定性设计的目标不是完全消除尺寸稳定性问题，而是通过降低尺寸稳定性的不利影响使结构设计满足总体指标要求。

2.3　环境效应

2.3.1　概述

尺寸稳定性贯穿于航天器的全寿命周期中，在航天器作为一个产品交付之后，经历的外部环境主要包括如下几方面：

（1）地面操作

在地面操作过程中，航天器可能会受到温度、湿度、力学载荷（运输、力学试验、装配操作）等几种环境的影响。

（2）主动段发射

在航天器的发射过程中，主要受到力学载荷。

（3）在轨运行

航天器在轨运行过程中的环境比较复杂，包括失重、真空、高低温交变、辐照等。部分航天器还存在再入过程的外部环境。在各种不同的地球轨道中，低地球轨道以剧烈的冷热交变、原子氧侵蚀、真空紫外线、微重力和碎片撞击为主要外部环境；地球静止轨道以高真空、宽温度范围且较少热循环次数和辐射为主要外部环境。

2.3.2　温度

2.3.2.1　对力学性能的影响

纤维增强树脂基复合材料通常在高温下固化，然后冷却至室温环境条件。由于纤维和基体材料的不均匀性和差异较大的热膨胀特性以及两种材料的机械性能不同，使得很容易在复合材料中产生热应力[28]。工作环境中的热循环会加剧这种影响，并导致微裂纹的产生，在每个热循环过程中的最低温决定了复合材料中可能出现的最大应力水平。

因为纤维的热膨胀系数一般都比较低，而基体的热膨胀系数都较高，所以，裂纹的扩展主要是由基体的膨胀（或收缩）所驱动。基体的选择通常受最大预期工作温度的影响，最大预期工作温度定义了最小可接受基体玻璃转变温度（T_g），进而定义了固化温度。残余应力保持在基体中的温度直接与树脂 T_g 有关。高固化温度和使用中的最低温是决定微裂纹出现的两个条件。

一般来说，热循环对复合材料的作用效应分为三个阶段：在热循环初期，树脂基体后固化，分子交联密度增加，力学性能提高；当热循环达到一定次数和温度以后，由于纤维与树脂基体热膨胀系数不匹配造成应力集中，超过了界面结合强度之后，就会出现纤维与树脂界面脱粘，使得材料的力学性能下降；再当热循环达到一定次数后，树脂或界面的变形已能够有效松弛热应力时，材料的力学性能会基本趋于稳定[1,29-32]。除由纤维和基体组成的层合结构特性受到热循环的影响外，像蜂窝夹层板这一类复合结构的力热性能同样受到热循环的影响[33]。因此，将复合材料结构在地面进行重复热循环，直到发射前微裂纹的数量处于稳定状态，已成为航天器尺寸稳定结构保持高尺寸稳定性的习惯做法。这是一个费时费事的过程，因此，在环氧树脂之后，人们又开发了氰酸酯为基体的复合材料，以提高复合材料抗微裂纹的能力，但实践表明，氰酸酯基复合材料仍然需要经历热循环的工艺过程，以充分形成稳定数量的微裂纹，进而维持后续在轨使用过程中的尺寸稳定性。

上述通过热循环使微裂纹处于稳定状态的处理方法的有效性基于一个假设：大多数微裂纹发生在结构遇到的前几个（一般不多于 10 个）循环中。然而，对于某些应用来说，尤其是一些高精度的尺寸稳定性问题，在经历多次热循环之后只能阶段性地达到近似平衡，而随着循环次数的增加，真正的平衡状态永远不会到来。这方面的研究目前还很欠缺，针对具体结构，当前通过热循环降低其微裂纹产生数量的有效性大多通过试验的方法进行确认。

2.3.2.2　热循环对 CTE 的影响

一般来说，复合材料 0°轴上的热膨胀系数由基体和纤维共同决定，90°方向上的热膨胀系数主要由基体决定。复合材料的热膨胀系数除了与组成和相关参数有关外，还受到材料的原始状态、热错配应力随温度变化率的影响有关。复合材料的热膨胀计算公式为

$$\alpha_c = \alpha_m + A\,\frac{\mathrm{d}\sigma_m}{\mathrm{d}T} \qquad\qquad (4-8)$$

式中　　α_m——基体的热膨胀系数；

　　　　A——依赖于加热速度的常数；

　　　　σ_m——热错配应力。

对于碳纤维树脂基复合材料而言，树脂的热膨胀系数比碳纤维的热膨胀系数大一个量级，则在材料加热的过程中，基体内的热错配应力可以由拉应力转化为压应力。当拉应力松弛，同时压应力增加时，即 $\dfrac{\mathrm{d}\sigma_m}{\mathrm{d}T}<0$，则 $\alpha_c<\alpha_m$，当压应力松弛时，$\dfrac{\mathrm{d}\sigma_m}{\mathrm{d}T}>0$，$\alpha_c>\alpha_m$。

研究表明对于树脂基复合材料，经历一定次数的热循环后，复合材料的横向热膨胀系数的绝对值增大。树脂基复合材料的纤维和树脂基体的热膨胀系数差异较大，在升温过程中存在一定程度的纤维对树脂基体的拉应力。在原始材料经过热循环后，材料内界面脱粘导致界面层对树脂基体的变形约束减小，因此横向热膨胀系数增大。由于纤维的弹性模量通常远大于树脂基体的弹性模量，因此树脂基复合材料的纵向热膨胀系数主要取决于纤维的热膨胀系数。在经历一定次数的热循环后，热应力使得纤维和基体之间产生界面脱粘，使得基体内的残余应力消除。同时一定温度热循环使得树脂基体出现一定程度的后固化效应，使树脂基体交联密度增加，树脂的弹性模量提高。

对于 SiCp/Al 等金属基复合材料，由于基体金属与增强体颗粒的热膨胀系数相差较大，热循环会在材料内部产生较大的残余热应力。热循环后的残余应变随热循环次数的增加而减小。由于作为基体金属的屈服强度低，每一次热循环所产生的热应力都足以使它发生塑性变形，因此残余热应力会得到释放。研究表明，经历少量次数热循环后，金属基复合材料的热膨胀系数即趋于稳定。

2.3.2.3　热循环与尺寸稳定性

复合材料在热循环中，升温段与降温段在温度-应变图中会形成一系列的曲线（见图 2-2）。从复合材料的热循环曲线形状，可以判断其尺寸稳定性的情况。当升温曲线和降温曲线重合度较好时，复合材料的尺寸稳定性比较好。有研究表明，纤维增强铝基复合材料的热循环曲线是封闭的，其轴向应变存在迟滞现象，随着循环次数的增加或热循环温度范围的减小，热循环曲线的滞后面积减小，封闭程度好，整个循环曲线上移。复合材料热循环曲线的不封闭是由于在热循环过程中形成的热应力引起基体的塑性变形造成的。

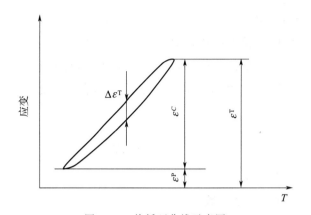

图 2-2　热循环曲线示意图

ε^{T}— 总应变；ε^{C}— 循环应变；ε^{P}— 残余应变；$\Delta\varepsilon^{T}$— 应变滞后

2.3.2.4　温度效应的降低

温度效应是不可消除的，目前在工程实践中以及一些基础研究中，也总结了一些设计或工艺以及材料选择方面的准则，以尽量降低其不利影响。这些手段包括：

1）选取低固化温度的树脂基体。

2）使用增韧的高应变基体，如氰酸酯。

3）降低残余应力水平或提高基体强度。

4）使用织物增强复合材料或采用止裂措施。

5）降低基体 CTE，提高基体刚度。

6）通过应力和/或热循环进行预处理，以稳定开裂。

7）使用具有较少负 CTE 的低模量纤维。

8）最大限度地增加树脂界面纤维的浸润性，以提高剪切强度。

9）低孔隙率复合材料。

10）较薄表面层。

2.3.3　湿气效应

树脂和大多数有机材料的吸湿性是现代复合材料尺寸稳定性设计所面临的主要问题。例如，复合材料的航天器结构在入轨处于真空环境后，湿气的释放很容易导致望远镜光学图像失焦或天线微波信号失真。研究表明，湿气是除温度载荷外引起有机材料形变的另一重要环境条件。

湿气释放是一个缓慢的过程，在释放过程中，伴随着航天器的变形，直至湿气释放结束或达到一个可忽略的水平。因此，有必要考虑树脂基复合材料结构在入轨初期的变形对有效载荷性能的影响，这部分误差是初始常值偏差的一部分。

湿气释放一方面引起航天器结构的宏观形变，另一方面，湿气释放产生的应力可能导致纤维和基体连接界面的微观损伤，因此，有必要对湿气释放效应进行抑制，目前常用的方法包括[34-36]：

（1）选择高模量纤维

纤维本身是不吸湿的，利用其不吸湿和高模量特性，有助于抑制湿膨胀变形。

（2）低吸湿效应的树脂

复合材料的吸湿主要是树脂基体部分的物理特性，基体种类不同，其吸湿性也不同，氰酸酯在吸湿性上就优于环氧树脂。

（3）表面涂层

许多涂层已应用于碳纤维/环氧树脂。这些涂层包括铝箔、金属合金共晶、电镀镍和贵金属、溅射或离子沉积金属、浸涂涂层、油漆和有机膜，如聚氨酯、硅酮和聚对苯二甲酸酯。涂层应具有一定的防护能力，以防由于微陨石、原子氧、静电效应和高能量辐射的侵蚀。在进行涂层保护时，应注意由于涂层的引入，将使结构的宏观热膨胀系数发生变化，这个变化的影响应该予以关注。

（4）铺层角度设计

通过纤维的铺层角度设计，可以优化特定方向的宏观 CME 使之为 0，甚至为负值，但应注意，在 CME 为零附近的铺层角的设计中，CME 对铺层角的偏差特别敏感，这可以通过增加小角度铺层数或增加其他低模量纤维来避免。

（5）铺层顺序设计

在吸收或解吸过程中，因为时刻存在水分的分布梯度，对比 T300/5208 材料 0/90/90/0 铺层与 90/0/0/90 铺层的变形测量结果发现，两者表现出不同的 CME。在高模量碳纤维中，这种效应会变弱，但这仍然需要予以关注。

（6）铺层对称设计

通过对复合材料铺层的对称设计，可以一定程度上抑制湿膨胀变形，尤其是结构板的面外变形。

（7）干燥

通过将构件放置在干燥的氮气环境中或反复在真空中干燥，可以消除不可预测和不可接受的水分膨胀变形。

湿气效应往往与热膨胀效应耦合，其变化规律目前仍存在很多认识不清的地方，解决起来往往需要巨大的时间和经费成本。因此，如何以较低代价获得满足指标要求的设计，是尺寸稳定工程设计过程中不得不面对的问题。湿膨胀尺寸稳定性问题的解决包含四个等级：

等级 1：低于 1 ppm 应变变化

层合板由高模量纤维、低吸湿树脂（如氰酸酯）和低缺陷密度（0.1%～0.01%）的金属密封层构成，此结构组合可得到最高等级的尺寸稳定性。需要严格控制金属密封层的厚度，以使得层合板宏观 CTE 为 0.00±0.05 ppm/℃。采用该等级设计的结构中的湿气扩散率非常低，基本上不会影响结构长期贮存的尺寸稳定性。

等级 2：1～2 ppm 应变变化

以共晶形式构成复合材料密封层。因为共晶模量较低，且一般较薄，对层合板的热膨胀影响较小，所以该等级需要原始的层合板有接近零的 CTE。

等级 3：3～5 ppm 应变变化

层合板由高模量纤维、低吸水性树脂和一般密度缺陷（1.0%）密封层组成，可以产生预计应变变化为±3～5 ppm 的复合材料。储存条件和时间必须有所控制。

等级 4：5～10 ppm 应变变化

仅使用高模量纤维和低吸水树脂系统。如果存储中的相对湿度得到控制（＜50% 的相对湿度），则可以达到相当好的尺寸稳定性。

选择合适尺寸稳定性设计等级，可在成本、周期与性能之间获得一个最佳平衡。

2.3.4　辐照效应

航天器在轨道上遭遇的带电粒子的辐照环境，包括天然粒子辐照环境和高空核爆炸后所生成的核辐照环境。天然粒子辐照的主要成分为电子和质子，具有能谱宽、强度大的特点，主要包含三方面来源：地球辐射带粒子、太阳宇宙射线和银河宇宙射线。

辐照效应通过化学作用直接损伤材料，导致材料缺陷增加，影响尺寸稳定性。复合材料中的不同组分对辐照有不同的响应，这可能打破材料内部原来的平衡状态，且这种平衡状态的改变一般是不可逆的。有机基质通常比碳纤维或陶瓷纤维增强材料对辐射损伤更敏感。最重要的辐照包括：

（1）真空紫外辐照

紫外线主要来自波长在 10～400 nm 范围的太阳电磁辐射，约占太阳总辐射能量的 9%。在空间环境下，真空紫外辐照对航天器材料具有较大的损伤作用，不仅能使其表面化学键发生断裂，造成材料在升温过程中的塑性及形变量增加，还会引发材料表面的化学老化，使其在低温下产生微裂纹、皱缩及表面脆化等，从而导致材料力学性能的下降[37]。

紫外辐射有以下特点[38-39]：

1）只对结构外表面暴露材料产生影响，而对内部材料几乎无影响；

2）对高分子聚合物的影响较大，对金属材料影响很小；

3）高轨环境下紫外辐射强度高于低轨；

4）使对外层性能敏感材料的力学性能下降；

5）使复合材料玻璃化转变温度（T_g）提高，老化前期提高幅度相对较大，后期变化不明显。

（2）带电粒子辐照

带电粒子的辐照损伤机理分为两种，包括电离作用机理和原子位移作用机理，高能电子大都产生电离作用，入射电子的能量使被辐照物质的原子发生电离，同时入射能量被物质吸收，因此，电子更侧重于传递热量；高能离子（如质子）大都产生原子位移作用，即入射质子使被击中的原子脱离原来的晶格位置，进而造成晶格缺陷，因此，质子更侧重于传递动能。带电粒子（包括质子和电子）辐照能够导致树脂材料表面的分子链发生断裂或交联，使航天器材料的光学、热学、电学、力学等性能均发生一定程度的改变，这种改变对材料性能而言，既可能是提高也可能是降低，这取决于具体的特性和具体的辐照环境条件。例如电子辐照下树脂基体降解和交联作用同时存在。研究表明：500 kGy 的辐照增加了碳纤维增强聚氨酯复合材料样品的拉伸强度和模量，此时，材料拉伸性能的改善是由于电子辐照引起的交联反应导致的。但当施加 1 000 kGy 的辐照剂量时，试样的机械性能出现恶化的趋势，此时，是分子链的断裂逐步发展成树脂的降解反应占主导地位[40]。

辐照效应对材料的作用是复杂多样的，对材料不同性能的影响程度也是不同的。目前已知辐照可能对复合材料的如下性能产生影响：塑性[41]、CTE[42-44]、微裂纹[45]、质量[46]、吸湿性、微屈服[47] 等，这几乎涵盖了尺寸稳定性相关的所有特性。

2.3.5　老化

（1）时间老化

一个结构没有受到任何载荷或者仅受到静态平衡力系（如在重力场中自由放置的物体）的作用且内部应力非常低的情况下，其尺寸是否会随着时间发生变化取决于以什么尺寸量级进行评价。如果评价的尺寸变化是毫米量级，可以确定的说，它不会产生任何变形；如果评价尺寸的变化量级是微米，甚至更小量级上的尺寸变化，则可以确定，其尺寸一定会发生变化。例如，1895 年至 1948 年期间，国际米元器的长度一直在缓慢地减少，每年减少约 1 微英寸[48]。对几种常用的尺寸稳定材料进行的研究表明，即使是像 Zerodur、殷钢、ULE 这些尺寸稳定性非常好的材料，其尺寸也会随着时间发生变化[49]。一般认为，材料随时间发生的变化是生产制造过程中的残余应力释放的结果。

（2）物理老化

物理老化是非晶态材料中的一种热可逆过程，是材料从高于玻璃化温度 T_g 向低于 T_g 的次级温度转化过程中的体积弛豫过程，所有的纤维增强树脂都存在物理老化效应。通过向聚合物基体中添加硬无机填料粒子，可以减轻复合材料中的体积不稳定性。NASA 的研究表明，物理老化对复合材料的所有随时间变化的性能，特别是机械性能、粘弹性、粘塑性和应力断裂性能有着相当大的影响。随着树脂性能的变化，脆性、动态疲劳以及屈服和裂纹扩展也发生了变化[50-53]。

（3）化学老化

化学老化作用是指高分子材料在使用的过程中，由于受到热、氧、水、光、微生物、化学介质等环境因素的综合作用，高分子材料的化学组成和结构会发生一系列变化，物理性能也会相应变坏，如发硬、发粘、变脆、变色、失去强度等。对于复合材料来说，不同材料之间界面处的性质更易受到化学老化的影响。对于航天器中的复合材料而言，化学老化最主要的因素是湿热反应。研究表明，虽然树脂在老化过程中性能会降低，但树脂基复合材料的拉伸强度主要由纤维决定，因此湿热老化对复合材料开孔拉伸强度影响不大。但是，由于在湿热过程中孔边缘暴露在环境中，相对于内部，孔边缘树脂及纤维/树脂界面受到湿热环境的损伤较大，从而导致受拉时孔边缘应力集中系数降低，造成湿热老化过程中开孔拉伸性能降低。这是因为水分进入树脂基体后，通过溶胀作用使树脂发生增塑，为链段运动提供了所需的自由体积，使树脂性能降低。随着水分的吸收和扩散，树脂中形成了裂纹等缺陷，因此树脂基体的性能在老化过程中一直在降低[54]。

（4）热老化

材料在高温下会出现再结晶、晶粒生长和升华等现象。化学反应是金属基复合材料的主要问题，解决问题的方法是开发纤维/基体的非反应性组合和纤维保护涂层。树脂基复合材料的基体氧化是降解的主要原因，低应力和低温度水平对热老化效应影响相对较弱。

（5）后固化

后固化是化学老化的一种特殊形式，是一种随着时间发生附加交联的过程。例如在碳纤维/环氧树脂复合材料中，较长时间内，交联等化学反应往往会提高 T_g，进一步影响尺寸稳定性。在较高的温度和较低的压力下，这种效应往往会增加，使得机械和尺寸稳定性特性随时间变化。

目前的老化效应研究水平还比较低，缺乏严格的理论方法，基本上是通过经验公式、有限元分析以及结合试验进行老化性能的预测和研究。

2.3.6　力学载荷

（1）地面操作载荷

在装卸和运输过程中，已经进行精度检测并校准的航天器结构（包含有效载荷）可能会承受一系列不可预测的载荷，其中最严重的是在运输过程中由于路面起伏过大或短时快速改变受力状态而产生的冲击。这些冲击轻则对尺寸稳定性造成不利影响，重则可能导致产品损坏。地面操作载荷并不是航天器经受的最恶劣力学环境，但是，因为地面操作过程中的载荷形式比较复杂，不确定性因素较多，同时往往容易被忽视，所以，此处作为单项列出是为了引起重视。

（2）发射载荷

发射振动是最严苛的环境之一，尺寸稳定结构必须能经受住该载荷。设计为非尺寸稳定的结构在主动段产生的变形一般并不会影响航天器的功能，但在尺寸稳定结构上出现的微小变形却可能是灾难性的。有多篇文献报道了尺寸稳定结构在地面力学环境试验期间出现的尺寸稳定性问题，如火星观察者相机[55]、Topsat 主镜安装组件[56]、MSX 弹道导弹跟踪卫星[57]、RazakSAT Mac 相机[58] 等。

（3）重力释放

大多数尺寸稳定结构是在地面 $1g$ 重力环境下精测和标定，入轨后在 $0g$ 环境下工作。重力释放一方面影响标定精度，另一方面，也可能在结构中产生部分残余变形，因此，在地面标定过程中，尽管可以通过一定的方法对重力影响予以剔除，但重力释放过程中的残余变形仍然会降低结构的尺寸稳定性[59]。

2.3.7　真空

航天器在轨运行时处于高真空环境下，真空度一般可达到 $10^{-7} \sim 10^{-9} \mathrm{Pa}^{[60]}$，这种环境对复合材料的树脂基体会产生作用，导致有机材料中气体的逸出，产生一定的质量损失。而且随着轨道升高，气压降低，这一逸气过程将越发激烈。有些材料在真空中释放气态挥发物，除了引起潜在的清洁度和污染问题，还会导致尺寸变化。吸湿材料在真空环境下很可能在空间中失去水分，从而导致进一步的尺寸变化。多孔材料中截留空气的损失也可能是一个问题。可以采用片状单元模型分析单向复合材料两个方向的膨胀系数与逸气系数之间的关系[61]。试验表明：环氧树脂基体和氰酸酯基体的复合材料质损率（TML）分别为 $0.033\% \sim 0.06\%$ 和 $0.014\% \sim 0.029\%$，对应的尺寸变化量分别为 $2 \sim 8~\mu m$ 和 $1 \sim 3~\mu m$。此外，理论分析和试验都表明，氰酸酯基体的吸气率优于环氧树脂，具有更好的真空环境适应能力。

2.3.8　微振动

航天器在轨运行过程中，可能会由于反作用轮、推力器以及控制力矩陀螺的作用而产生振动问题。这些振动的特点是一般不会导致结构的破坏，但会降低一些高精度有效载荷的性能[62-63]。航天器的一些大型柔性附件，如大型天线等结构，还会因为与在轨热载荷发生动力学耦合而产生热致振动问题[64-65]。微振动和热致振动都有自己独特的研究特点，其重点在于振动的抑制，其研究内容已超出了本书的范围，因此，后续的论述中，不再将微振动和热致振动的内容进行展开叙述。

2.3.9　多因素效应

如前面两节所述，存在多种影响尺寸稳定性的内部和外部因素，这些因素单独作用和协同作用时，对尺寸稳定性的影响是完全不同的，对高尺寸稳定结构，有必要研究多因素耦合作用下的尺寸变化规律。已知的耦合效应包括：

（1）湿热耦合效应

温度和湿度共同作用下的湿热环境对复合材料结构的力学性能有很大的影响。吸湿和温度交变是湿热环境下复合材料性能下降的主要原因。层间剪切强度、拉伸强度、压缩强度、破坏应变、刚度等复合材料主要的力学性能往往会随着吸湿量的增加而降低[66-67]。试验表明，湿热耦合作用对带孔板试样的拉伸和压缩强度影响规律有所不同，体现了湿热耦合作用的复杂性[68]。

（2）热与真空的耦合效应

热循环会增加复合材料中的微裂纹，真空环境下的逸气现象会导致材料的质损，两者耦合，将加速材料性能的在轨劣化。研究表明，真空热循环导致复合材料损伤的主要原因是纤维和界面的脱粘以及沿界面的滑动。变弱的连接界面、一些微孔和微裂纹的存在，促进了真空热循环期间材料损伤的出现[69]。

（3）热循环与辐照的耦合效应

热循环与辐照耦合效应的研究不多，目前有一些比较初步的结论。一般认为，复合材料在辐照、热循环综合条件下力学性能的变化主要存在两种效应：第一种效应是因为辐照、热循环综合环境作用下基体内部的自由基发生交联和韧化，使得树脂基体成为一体化网格，材料力学性能升高；第二种效应是辐照使树脂基体降解，发生局部化学键断键和分子链断链，小分子析出，力学性能降低；树脂基体内部不能全部发生交联反应，内部交联区域与未被影响区域因化学网格、空间网格不匹配产生内应力与错配能，力学性能下降；热循环过程中因为基体与增强体热膨胀系数差异产生的循环热应力会在树脂基体内部以及增强体与基体的界面等薄弱区域引发微裂纹和界面脱粘，热应力作用下裂纹逐步扩展，进而导致复合材料性能的损伤和退化。综合环境作用下材料性能变化主要取决于哪种效应占主导地位[70-71]。

综上，由于耦合效应的复杂性，使得当前的研究结论多数是针对特定材料、特定环境条件下的试验测量结果总结而成，缺乏有效的理论方法进行一般性的规律描述，所以，当考虑耦合效应对具体航天器结构尺寸稳定性设计的影响时，应对文献中的试验条件、试件状态与当前使用场景进行认真的比对核实，不能简单套用，必要时重新进行有针对性的试验测试。

参 考 文 献

［1］ 彭智权. Invar36 合金的激光选区熔化成形及热处理工艺研究［D］. 北华航天工业学院，2021.

［2］ Doyle K B，Genberg V L，Michels G J. Integrated optomechanical analysis：Second edition. 2012.

［3］ E. G. Wolff. Introduction to the Dimensional Stability of Composite Materials，Destech Publications Inc，2004.

［4］ R. A. Paquin，Dimensional instability in materials：how critical is it in the design of optical instruments，SPIE Proceedings CR43（1992）.

［5］ Bashford D P，Eaton D，Pradier A. The Use of High Stiffness Material and Dimensionally Stable Materials in Spacecraft Applications. 1994.

［6］ 刘亚明. 几种典型材料负膨胀机理的第一性原理研究［D］. 郑州大学，2016.

［7］ Utsunomiya S，Kamiya T，Shimizu R. Cfrp Composite Mirrors for Space Telescopes and Their Micro‐dimensional Stability［C］//Modern Technologies in Space‐and Ground‐based Telescopes and Instrumentation，［S. l.］：International Society for Optics and Photonics，2010：77392.

［8］ GB/T 1462‐2005，纤维增强塑料吸水性试验方法［S］.

［9］ Wolff E G. Moisture and viscoelastic effects on the dimensional stability of composites［J］. Proceedings of SPIE‐The International Society for Optical Engineering，1990，1335.

［10］ 吴晶，李文芳，蒙继龙. 金属基复合材料的微屈服行为［J］. 材料科学与工程，20（4）：3.

［11］ C. W. Marschall，R. E. Maringer. Dimensional Instability‐An Introduction，Permagon Press，Oxford，1977

［12］ J. L. Domber，J. D. Hinkle，L. D. Peterson，Experiment to quantify material microyield，in：AIAA‐2003‐1539，2003.

［13］ E. G. Wolff，Introduction to the Dimensional Stability of Composite Materials，Destech Publications Inc，2004.

［14］ J. Lemaitre，J.‐L. Chaboche. Mechanics of Solid Materials，Cambridge University Press，1990.

［15］ Hu H，Sun C T. Thecharacterization of physical aging in polymeric composites［J］. Composites Science & Technology，2000，60（14）：2693‐2698.

［16］ 李景镇. 光学手册·下卷［M］. 陕西科学技术出版社，2010.

［17］ Liaw D，Singhal S，Murthy P，et al. Quantification of uncertainties in composites［C］//34th Structures，Structural Dynamics and Materials Conference，1993：1440.

［18］ Whitney，James Martin. Experimental mechanics of fiber reinforced composite materials［M］. Prentice‐Hall，1982.

［19］ Kural M H，Ellison A M. INDUCED ERRORS DURING THERMAL EXPANSION TESTING OF GRAPHITE FIBER REINFORCED METAL MATRIX COMPOSITES［J］. Sampe Journal，1980，16（5）：20‐26.

［20］ Sim H B，Lee B S. Effects of fiber forms on thermal anisotropy in fibrous composites［J］. Korean

Journal of Materials Research，1995，5（2）.

[21]　Valencia L B，Rogaume T，Guillaume E，et al. Measurement and modelling of thermochemical properties of porous materials as a function of temperature during multi‐stage decomposition processes［C］// International Conference on Fire Science & Engineering Science Interflam. 2010.

[22]　Arao Y，Koyanagi J，Okudoi Y，et al. Residual Stress Relaxation in CFRP Cross‐ply Laminate ［J］. Journal of Solid Mechanics and Materials Engineering，2010，4（11）：1595‐1604.

[23]　Marschall C W，Hagy H E，Paquin R A. Dimensional stability workshop［C］// Dimensional Stability. Dimensional Stability，1990.

[24]　张锦阳. 碳纤维/氰酸酯材料本构模型建立及加工微裂纹研究［D］. 哈尔滨工业大学.

[25]　Bowles，D. E. Effect of microcracks on the thermal expansion of composite laminates［J］. Journal of Composite Materials，1984，18（2）：173‐187.

[26]　杨思炫. 机械零件热膨胀规律影响研究［D］. 合肥工业大学，2017.

[27]　Dolgin B P，Moacanin J，O'Donnell T P. Theoretical limits of dimensional stability forspace structures［J］. International Society for Optics and Photonics，1991.

[28]　姜利祥，何世禹，等. 碳（石墨）/环氧复合材料及其在航天器上应用研究进展［J］. 材料工程，2001（9）：39‐43.

[29]　高禹，杨德庄，何世禹. 真空热循环对 M40J‐环氧复合材料力学性能的影响［J］. 材料研究学报，2004：529‐536.

[30]　Henaff‐Gardin C，Lafarie‐Frenot M C，Gamby D. Doubly periodic matrix cracking in composite laminates. Part 1：General in‐plane loading［J］. COMPOSITE STRUCTURES‐BARKING‐，1996.

[31]　Bowles，D. E. Effect of microcracks on the thermal expansion of composite laminates［J］. Journal of Composite Materials，1984，18（2）：173‐187.

[32]　Henaff‐Gardin C，Lafarie‐Frenot M C，Gamby D. Doubly periodic matrix cracking in composite laminates Part 2：Thermal biaxial loading［J］. Composite Structures，1996，36（1）：131‐140.

[33]　Hegde S R，Hojjati M. Performance of composite sandwich structures under thermal cycling［J］. Journal of Composite Materials，2019，54（2）：002199831986232.

[34]　Brand RA. Strategies for Stable Composite Structural Design［C］//Current Developments in Optical Design and Optical Engineering Ii，［S. l.］：International Society for Optics and Photonics，1992：32‐39.

[35]　Wolff E G. Moisture and Viscoelastic Effects on the Dimensional Stability of Composites［C］// Dimensional Stability，［S. l.］：International Society for Optics and Photonics，1990：70‐79.

[36]　Utsunomiya S，Kamiya T，Shimizu R. Cfrp Composite Mirrors for Space Telescopes and Their Micro‐dimensional Stability［C］//Modern Technologies in Space‐and Ground‐based Telescopes and Instrumentation，［S. l.］：International Society for Optics and Photonics，2010：77392.

[37]　Tcherbi‐Narteh A，Hosur M，Jeelani S. Influence of Nanoclay on the Durability of Woven Carbon/ Epoxy Composites Subjected to Ultraviolet Radiation［J］. Mechanics of Advanced Materials & Structures，2014，21（3）：222‐236.

[38]　Skurat V. Vacuum ultraviolet photochemistry of polymers［J］. Nuclear Inst & Methods in Physics Research B，2003，208（Aug）：27‐34.

[39]　乔琨，朱波，高学平，等. 紫外老化对碳纤维增强环氧树脂复合材料性能的影响［J］. 功能材料，

2012，43（21）.

[40]　Van Allen JA，Ludwig GH，Ray EC，et al. Observation of High Intensity Radiation by Satellites Alpha and Gamma [J]. Jet Propulsion，1958，588 - 592.

[41]　谌继明. 中子辐照对钒合金强塑性的影响及其温度效应 [J]. 核聚变与等离子体物理，2002，22（4）.

[42]　Bowles D E，Tompkins S S，Sykes G F. Electron radiation effects on the thermal expansion of graphite/resin composites [J]. J Spacecraft，2015，23（6）：625 - 629.

[43]　Tenney D R，Sykes G F，Bowles D E. Space environmental effects on materials [M] // Environmental effects on materials for space applications. 1982.

[44]　Tenney D R，Tompkins S S，Sykes G F. NASA space materials research [J]. Large Space Antenna Systems Technol. ，1984，1985.

[45]　Sykes G F，Funk J G，Slemp W S. Assessment of space environment induced microdamage in toughened composite materials [J]. 1986.

[46]　张明. 真空电子辐照对碳纤维/氰酸酯复合材料的影响 [J]. 宇航材料工艺，2010，40（6）.

[47]　Mazzio V F，Huber G. Effect of temperature，moisture and radiation exposures on composite mechanical properties [C] //20/20 VISION IN MATERIALS FOR 2000 - NAT. SAMPE TECH. CONF. SER. ，1983，. 1983，15：234 - 250.

[48]　Bruin W. - de. Dimensional Stability of Materials for Metrological and Structural Applications [J]. CIRP Annals - Manufacturing Technology，1982，31（2）：553 - 560.

[49]　Berthold J W，Jacobs S F，Norton M A. Dimensional stability of fused silica，Invar，and several ultralow thermal expansion materials [J]. Applied Optics，1976.

[50]　Gates S. Matrix dominated stress/strain behaviour in polymeric composites：effect of hold time，nonlinearities and rate dependent stress - strain behaviour of advanced polymer matrix composites [J]. NASA Technical Memorandum，1991，104070.

[51]　T. S. Gates ，M. Feldman. Time Dependent Behavior of a Graphite/Thermoplastic Composite and the Effects of Stress and Physical Aging NASA TM 109047（1994），also NASA TM 111886（1997）.

[52]　Gates T S，Veazie D R，Brinson L C. A Comparison of Tension and Compression Creep in a Polymeric Composite and the Effects of Physical Aging on Creep Behavior [J]. 1996.

[53]　谢丹，薛峰，过松如. 物理老化对环氧树脂蠕变性能的影响 [C]. 复合材料的现状与发展，2000.

[54]　张晓云，曹东，陆峰，等. T700/5224 复合材料在湿热环境和化学介质中的老化行为 [J]. 材料工程，2016，44（4）.

[55]　A. R. Telkamp. Recent developments with the Mars observer camera graphite epoxy structure，SPIE Proceedings 1690（1992）.

[56]　P. Greenway，I. Tosh，N. Morris. Development of the TopSat camera，ESA - SP - 554，2004.

[57]　W. E. Skullney，H. M. Kreitz Jr. ，M. J. Harold，S. R. Vernon，T. M. Betenbaugh，T. J. Hartka，D. F. Persons，E. D. Schafer，Structural design of the MSX spacecraft，Johns Hopkins APL Technical Digest 17（1）（1996）.

[58]　E. D. Kim，Y. - W. Choi，M. - S. Kang，E - E. Kim，H. - S. Yang，A. A. A. Rasheed，A. S. Arshad. Medium Sized Aperture Camera for Earth Observation，ESA - SP - 554，2004.

[59] Merkowitz S M，Conkey S，Haile W B，et al. Structural，thermal，optical and gravitational modelling for LISA [J]. Classical and Quantum Gravity，2004，21（5）：S603.

[60] 薛大同，张景钦. 航天材料的真空性能，GF. A0017381G1995 [R]. 中国国防科学技术报告.

[61] 袁野，鲍赫，李志来. 真空逸气对复合材料尺寸稳定性的影响 [J]. 光学精密工程，2015，23（9）.

[62] 冯振伟，崔玉福，杨新峰. 高精度航天器微振动研究进展 [C] //北京力学会. 北京力学会第二十二届学术年会会议论文集，2016：3.

[63] 董瑶海. 航天器微振动：理论与实践 [M]. 中国宇航出版社，2015.

[64] 张弛，董广明，赵发刚. 航天器典型结构热致振动产生条件结构影响因素分析 [J]. 噪声与振动控制，2020，40（05）：33－38.

[65] 沈振兴，张凯，胡更开. 航天器的热致振动问题研究 [C] //中国力学学会，西安交通大学. 中国力学大会——2013 论文摘要集，2013：1.

[66] Costa，M. L. Strength of Hygrothermally Conditioned Polymer Composites with Voids [J]. Journal of Composite Materials，2005，39（21）：1943－1961.

[67] Zhou J，Lucas J P. Hygrothermal effects of epoxy resin. Part I：the nature of water in epoxy [J]. Polymer，1999，40（20）：5505－5512.

[68] 彭雷，张建宇，鲍蕊，等. 湿热、紫外环境对 T300/QY8911 复合材料孔板静力性能的影响 [J]. 复合材料学报，2009，26（3）

[69] Sang Y P，Choi H S，Choi W J，et al. Effect of vacuum thermal cyclic exposures on unidirectional carbon fiber/epoxy composites for low earth orbit space applications [J]. Composites Part B Engineering，2012，43（2）：726－738.

[70] 范存孝. 辐照和热循环条件下 M55J/氰酸酯层压板力学行为 [D]. 哈尔滨工业大学，2020.

[71] 张永涛. 热循环和电子辐照对 M55J/氰酸酯复合材料结构及性能影响 [D]. 哈尔滨工业大学，2019.

第 3 章　尺寸稳定结构材料

3.1　概述

尺寸稳定结构设计中材料选择首先考虑的因素是其尺寸稳定相关特性，但是，尺寸稳定性是系统性和综合性的，对材料性能的选择，必须要同时考虑材料的密度、强度和刚度等等与尺寸稳定性非直接相关但对尺寸稳定性有很大影响的物理和力学特性。除此而外，还要考虑材料特性随存储和工作环境的变化规律以及材料在各种环境下的性能衰减。

3.2　金属与合金材料

金属与合金材料一般具有良好的导电性和导热性，延展性好，加工工艺成熟。但作为尺寸稳定性而言，其热膨胀系数大多较高，多数不适合作为尺寸稳定结构的材料选择。目前在航天器结构中常见材料包括如下几种：

3.2.1　铝合金

铝合金是目前航天器应用最广泛的材料之一，具有密度较低、比刚度较高、低成本、易加工和高导热性等优点，但因为热膨胀系数比较高（约为 23 ppm/℃），所以目前主要作为卫星一般结构材料使用，例如卫星主结构、蜂窝夹层结构面板及埋置件、仪器支架单机设备机箱等。此外，对于尺寸稳定性要求不高的结构，铝合金可以作为碳纤维面板夹层结构的铝蜂窝芯或者蜂窝板的埋置件。

3.2.2　钛合金

钛合金的特点是强度刚度好，比刚度高，导热性差，密度比铝合金高，目前主要是用于卫星标准件、抗弯结构和承载较大的结构部件。因为其热膨胀系数中等（8.6 ppm/℃），也可用于尺寸稳定性要求一般的结构上。钛合金的微蠕变可能发生在室温环境下的应力低至 25% 的屈服强度，并高度依赖于先前的热处理过程，这与将钛合金作为普通结构时的蠕变要求有很大的差异。

3.2.3　殷钢

殷钢（Invar）又称因钢、殷瓦钢，最早由瑞士科学家 Guilaume 在 1896 年发现，是一种含有约36％镍的铁镍合金。经过长期发展，殷钢已成为一大类具有相似成分的低膨胀铁镍合金材料的统称。目前常见的殷钢合金有如下三种：

1）殷瓦合金（Invar）：含64％的铁、36％的镍，也称为因瓦36或FeNi36；

2）超级殷瓦合金（Supervar）：含63％的铁、32％的镍、5％的钴；

3）可伐合金（Kovar）：含54％的铁、29％的镍、17％的钴。

殷钢在其基本成分基础上，通过添加不同的化学成分，获得不同的性能，如增强加工性（添加Se）、提高强度（添加Ti）、降低温度变化灵敏度（添加Cr和Mo）等。殷钢具有良好的尺寸稳定性，通过合适的材料处理方式，其热膨胀系数在5～30 ℃范围内可达到 0.01×10^{-6}/℃的水平。进一步调整材料处理方式，还可以使热膨胀系数更低，适用范围更宽，但这可能导致材料出现尺寸稳定性问题。在低负荷作用下，甚至在热处理过程中诱发的残余应力作用下，容易出现微裂纹。在机械加工过程中，它还需要进行去应力的热处理。超级殷钢（Fe-30Ni-6Co）除具有极低的热膨胀系数外，还具有良好的时间稳定性。超级殷钢可能有低CTE的正值或负值。例如，在20 ℃附近，含37％铁、54％钴和9％铬的合金的CTE为 -1.2×10^{-6}/℃[1-2]。虽然殷钢的尺寸稳定性较好，但是，由于其密度偏大，对于将重量因素看得比较重的大型航天器结构来说，以前几乎不会采用全殷钢结构，但是随着增材制造点阵结构殷钢结构的制造工艺逐渐成熟，未来大型殷钢结构的航天应用也指日可待[3]。目前殷钢结构的应用主要在空间相机的结构计量部件[4]、有稳定性要求的接头[5]、复合材料管端部连接件[6]、蜂窝板[7-8]中的埋置件，以及镜子固定胶接垫和柔性接头[9-11]等。

3.2.4　铍

铍合金（Beryllium）具有优良的机械性能、刚度高（杨氏模量大于300 GPa）、密度低（1 850 kg/m³）以及极高的比刚度。铍是热导率最高的金属材料，热扩散系数极高，具有良好的瞬态热特性。因为铍成本高昂，材料自身具有毒性，无法铸造成形，只能压成圆柱状再进行进一步的加工，因此影响了其大范围使用。但是，由于铍具有极其优异的力热性能，依然是航空航天等领域一些特殊条件下的最佳材料选择[12-15]，尤其是詹姆斯·韦伯太空望远镜（James Webb Space Telescope，JWST）选用铍为主镜材料的事实[16]，也从一个侧面证明了铍在目前高稳定性设计方面还具有不可替代的作用。

3.2.5　镁合金

镁合金的密度比铝合金低，比强度、比刚度与铝合金基本相当。镁合金材料的阻尼性能好，在动力环境下的响应小，常用镁合金材料铸造成大型贮箱或设备支架，如我国资源二号卫星的载荷舱底板[17]，也可用于当前铝蜂窝板的减重，如作为铝蜂窝板的埋件[18]或采用镁合金作为蜂窝板的蒙皮[19]。但由于镁合金的铸造缺陷以及抗腐蚀能力差带来的设计、制造、使用、贮存等方面的困难，加上目前3D打印技术的发展，后续可能被3D打印的新型材料和结构取代。

3.2.6　镁锂合金

镁锂合金是最轻的金属结构材料之一，镁锂合金具有较高的比强度和比刚度、弹性模量高、抗压屈服强度高、各向异性不明显、塑性和冲击韧度好、对缺口敏感性低和良好的阻尼性能等。我国的神舟七号载人飞船释放的伴飞小卫星采用了镁锂合金材料作为主结构框架，使整星质量未超过 40 kg。此外在浦江一号和全球二氧化碳监测科学实验卫星上也应用了镁锂合金材料。通信技术试验卫星三号在预埋件、支架和部分机箱等部位应用镁锂合金材料，使整星减重约 173 kg，大大提高了卫星的有效载荷量[20]。此外，镁锂合金还用于仪器安装板、支架、舱盖和机箱等结构[21-23]。

3.3　树脂基复合材料

复合材料通常是由一种基体材料和一种或多种增强体材料复合而成。树脂基复合材料是以有机合成树脂为基体的复合材料，基体将增强体结合在一起形成连续的整体结构。树脂基体的热膨胀系数均在 20ppm/K 以上，而增强体的膨胀系数会显著小于基体。因此，对于树脂基复合材料而言，由纤维性能起决定性作用的连续纤维增强复合材料是重要的尺寸稳定性材料。

3.3.1　基体

目前，在航天器结构中广泛应用的树脂基复合材料中基体材料主要为环氧树脂和改性氰酸酯。环氧树脂具有优良的物理力学性能、电绝缘性能和粘接性能。环氧树脂固化温度相对较低，成型工艺性好，吸湿率较高。氰酸酯树脂固化后具有优良的力学性能和粘接性能，高固化温度和较低的吸湿率[24]。

3.3.2　纤维材料

（1）碳纤维

目前在航天器结构中应用最广泛的是碳纤维。碳纤维按照原丝种类可以划分为 PAN 基碳纤维、沥青基碳纤维和粘胶基碳纤维。其中 PAN 基碳纤维占主流地位，产量占碳纤维总产量的 90% 以上。按照力学性能，可分为高强度碳纤维、高模量碳纤维和极高模量碳纤维，分别以日本东丽公司生产的 T300 高强度碳纤维和 M40、M55J 和 M60J 高模量碳纤维为代表。目前碳纤维已广泛应用于航天器结构的中心承力筒[25]、各种管件和接头组成的桁架结构[26]、太阳电池阵的基板[27]、天线反射面结构[28] 等。碳纤维是当前应用最广泛的尺寸稳定结构材料。目前常用的几种碳纤维的材料特性如表 3-1 所示。

表 3 − 1 常用碳纤维材料的特性[29-33]

牌号	拉伸强度/MPa	拉伸模量/GPa	伸长率/%	密度/(g/cm³)	热膨胀系数/(10⁻⁶/℃)
T300	3 530	230	1.5	1.76	−0.41
T700S	4 900	230	2.1	1.8	−0.38
M40J	4 410	377	1.2	1.77	−0.83
M55J	4 020	540	0.8	1.91	−1.1
M60J	3 920	588	0.7	1.93	−1.1

（2）凯芙拉纤维

凯芙拉（Kevlar）纤维又称为芳香族聚酰胺纤维。适用于航天器结构的是以美国杜邦公司 Kevlar − 49 和 Kevlar − 149 为代表的高模量和超高模量对位芳纶纤维。Kevlar 系列纤维具有热稳定性良好（线膨胀系数很小并且纵向线膨胀系数为负值）、强度高、密度低、抗疲劳、耐冲击等特点。芳纶纤维工艺性能较好，可以编织和成形较复杂形状的构件。但材料的压缩强度较低，弹性模量也不高，各向异性严重，有吸湿性，机加工性能差，因此较少用于尺寸稳定结构。

（3）玻璃纤维

玻璃纤维广泛用于树脂基复合材料，俗称玻璃钢。航空航天用的玻璃纤维主要有 S、D 及 E 三种纤维。玻璃纤维具有良好的透波性能和力学性能，在航空航天领域广泛用于电磁窗口即天线及雷达罩的透波复合材料的增强体。透波功能复合材料中最早使用的为 E 玻璃纤维，后来又发展了高强度纤维 S 纤维、高模量纤维 M 纤维和介电玻璃纤维 D 纤维。用于雷达罩的专用纤维主要是 D 玻璃纤维、石英纤维和高硅氧玻璃纤维。因为相对较低的模量，所以，玻璃纤维几乎不用于主结构材料。

3.3.3 单向复合材料

连续纤维在基体中呈同向平行等距排列的复合材料称为单向连续纤维增强复合材料，简称单向复合材料。航天器结构中的单向复合材料大多以很薄的浸渍连续纤维（即预浸料）的形式存在，几乎不用作独立的结构，是构成复合材料结构的最基本设计单元，这种很薄的单向复合材料称为单向层，也就是复合材料结构设计中的铺层。航天器结构中的树脂基复合材料的大多是由单向层以各种角度堆叠而成的层合复合材料。

目前航天器复合材料结构分析大多基于经典层合板理论，单向层（或铺层）的性质是后续计算层合复合材料性能的基础，其参数决定了层合复合材料的最终性能，具有决定性的意义。表 3 − 2 是几种常见碳/环氧复合材料在 60% 纤维体积含量时的物理性质。

表 3 − 2 常用碳/环氧复合单向复合材料特性[29-33]

牌号	拉伸强度/MPa	拉伸模量/GPa	伸长率/%	压缩强度/MPa	90°拉伸强度/MPa
T300	1 860	135	1.3	1 470	76
T700S	2 550	135	1.7	1 470	69

续表

牌号	拉伸强度/MPa	拉伸模量/GPa	伸长率/%	压缩强度/MPa	90°拉伸强度/MPa
M40J	2 450	230	1.1	1 270	53
M55J	2 010	340	0.6	880	34
M60J	2 010	365	0.6	785	32

此处需要注意表 3-1 和表 3-2 的差别，前者是纤维自身的特性，后者则是纤维和基体两者复合后的特性。复合材料设计和分析过程中的参数选取是基于表 3-2，而不是表 3-1，这是层合复合材料结构设计和分析时需要特别注意的一点。

3.4　金属基复合材料

金属基复合材料（metal matrix composite，MMC）是以金属及其合金为基体，与一种或几种金属或非金属增强相人工结合成的复合材料。

金属基复合材料按增强相形态分为连续纤维增强和非连续增强（颗粒、晶须、短切纤维）两大类，最常用的增强纤维为碳纤维、硼纤维、碳化硅纤维、氧化铝纤维。晶须和颗粒增强体有碳化硅、氧化铝、碳化钛、氮化硅等。金属基复合材料也可以按金属或合金基体的不同，分为铝基、镁基、铜基、钛基、高温合金基、金属间化合物基以及难熔金属基复合材料等。

金属基复合材料具有高比强度、高比模量、低热膨胀系数、耐热、耐磨等优良性能，并且由于其性能取决于所选金属或合金基体和增强物的特性、含量、分布等，因此可以根据特定的应用需求来设计和优化性能。金属基复合材料有以下性能特点：

（1）高比强度和高比模量

在金属基体中加入适量高比强度、高比模量、低密度的纤维、晶须、颗粒等增强物，能明显提高复合材料的比强度和比模量。例如用 SiCp 和 SiCf 增强的铝复合材料，密度变化并不大，但纵向抗拉强度分别达到 462 MPa 和 1370 MPa，比强度和比模量都明显提高。用 SiCf 增强的钛复合材料与钛合金相比，密度变小，比强度和比模量也有显著提高。表 3-3 是加入增强材料前后的几种材料的性能对比，材料性能提升十分明显[34]。

表 3-3　金属基复合材料和未增强金属材料性能比较

材料	密度/(g/cm³)	抗拉强度/MPa	抗拉模量/GPa	比强度/10³ m	比模量/10³ m
铝合金	2.768	297	69	10.9	2.54
钛合金	4.429	862	110	19.8	2.54
SiCp/Al	2.768	462	110	17	4.06
SiCf/Al	3.045	1370	205	46.2	6.86
SiCf/Ti	1.379	1379	206	39.1	5.87

（2）导热和导电性能

金属基复合材料中金属基体一般占有 60% 以上的体积分数，因此仍保持金属所具有的良好导热和导电性[35]。金属基复合材料采用高导热性的增强物可以进一步提高导热性能，使热导率比纯金属基体还高。良好的导热性可有效地传热散热，减小结构受热后产生的温度梯度。良好的导电性可以防止飞行器结构产生静电聚集。

（3）热膨胀系数小，尺寸稳定性好

金属基复合材料中所用的增强物碳纤维、碳化硅纤维、晶须、颗粒、硼纤维等既具有很低的热膨胀系数，又具有很高的模量，加入相当含量的增强物不仅可以大幅度地提高材料的强度和模量，也可以使其热膨胀系数明显下降，并可通过调整增强物的含量获得不同的热膨胀系数，以满足各种工作情况的要求。

（4）耐磨性好——适合做连接部件

金属基复合材料，尤其是陶瓷纤维、晶须、颗粒增强金属基复合材料具有很好的耐磨性。在基体金属中加入了大量硬度高、耐磨、化学性能稳定的陶瓷增强物，特别是细小的陶瓷颗粒，不仅提高了材料的强度和刚度，还提高了复合材料的硬度和耐磨性。

（5）良好的疲劳性能和断裂韧性

金属基复合材料的疲劳性能和断裂韧性取决于纤维等增强物与金属基体的界面结合状态、增强物在金属基体中的分布、金属和增强物本身的特性等，特别是界面状态，最佳的界面结合状态既可有效地传递载荷，又能阻止裂纹的扩展，提高材料的断裂韧性。

（6）不吸潮、不老化、气密性好

金属基复合材料性质稳定，组织致密，不存在老化、分解、吸潮等问题，也不会发生性能的自然退化。

金属基复合材料在航天器结构、空间光学反光镜上获得了成功应用。碳化硼增强铝复合材料，替代铝合金和钛合金，已应用于卫星传动构件锥套、天线杆、转向驱动结构件中[36]。例如采用扩散键合技术，将 P100 碳纤维增强的 Gr/Al6061 用于哈勃太空望远镜（HST）的高增益天线臂，在保证高刚度的同时，满足了尺寸稳定性的需求[37]。

3.5　陶瓷基复合材料

陶瓷基复合材料指一类由无机非金属材料为基体材料的复合材料，可分为基体材料和增强材料，基体材料按材质可分为氧化物陶瓷、碳化物陶瓷、氮化物陶瓷和硅化物陶瓷等。按材料形态，可分为颗粒、晶须、连续纤维和层状材料等增强复合材料。由于具有较高的强度和弹性模量而成为主要尺寸稳定性结构的可选择材料，陶瓷增强材料可分为氧化物材料和非氧化物材料两大类，表 3-4 中列出了一些典型的陶瓷增强材料。

表 3 - 4 典型的陶瓷增强材料

颗粒	不连续纤维		连续纤维	
	晶须	短玻璃纤维	氧化物	非氧化物
SiC TiC Al_2O_3	SiC TiB_2 Al_2O_3	玻璃 Al_2O_3 SiC $Al_2O_3 + SiO_2$	Al_2O_3 $Al_2O_3 + SiO_2$ ZrO_2 含硅玻璃	B C SiC Si_3N_4 BN

陶瓷材料具有耐高温、重量轻等优秀性能。通常,陶瓷基复合材料具有较宽的使用温度、较低的密度和低热膨胀系数。目前在高稳结构的增强材料的应用中,以连续纤维增强的陶瓷基复合材料为主。常用陶瓷基体材料包括氧化物陶瓷基体(氧化铝、氧化锆)、氮化物陶瓷基体(氮化硅、氮化硼、氮化铝)、碳化物陶瓷基体(碳化硅、碳化锆、碳化铬)、玻璃陶瓷基体、硼化物陶瓷基体、硅化物陶瓷基体等多种。纤维增韧陶瓷基复合材料多选用碳化硅为基体,陶瓷基复合材料增韧纤维主要有氧化铝纤维、碳纤维和碳化硅质纤维。其中碳化硅工艺最成熟,品种最多,性能最高。目前在航天中应用最广泛的陶瓷材料包括 C - SiC 和 C/C - SiC。

(1) C - SiC

SiC 复合材料是随航空航天技术的发展而兴起的一种陶瓷基增强复合材料,早期主要用于解决高温条件下的热防护问题。C - SiC 复合材料主要有两种类型,一种是碳纤维/碳化硅材料,另一种是碳颗粒/碳化硅材料。其中碳纤维/碳化硅复合材料是利用碳纤维来增强增韧 SiC 陶瓷,改善陶瓷的脆性,实现抗氧化、耐高温、耐腐蚀等性能;而碳颗粒/碳化硅复合材料利用碳颗粒来降低 SiC 的硬度,实现良好的抗氧化、耐腐蚀、自润滑性能。相比而言,碳纤维/碳化硅材料能适用于高稳结构的制造。JWST 主镜是有史以来发射的最大的 (3.5 m) SiC 主反射镜。

目前,商业化的 C/SiC 空间光机复合材料主要有两种:一种是 Cesic;另一种是 HB - Cesic,后者短切纤维采用了高模高强碳纤维。

例如美德两国研制的双光谱红外探测微型卫星(BIRD)上的热点识别系统相机结构,以及 SPIRALE 卫星的两个全光学望远镜均采用 Cesic 进行制造[38]。

(2) C/C - SiC

C/C - SiC 复合材料,即碳纤维增强碳和碳化硅双基体材料,该材料具有密度低、抗氧化性能好、耐腐蚀、低热膨胀系数等优点,是一种能满足 1650 ℃ 使用的新型高温结构材料和功能材料。20 世纪 70 年代,C/C 复合材料作为轻质结构材料开始广泛地应用于航空航天领域。C/C - SiC 复合材料不仅具有 C/C 复合材料的高比强度、高比模量和低热膨胀系数等优点,还有着优异的高温稳定性、抗热震性能和高温抗蠕变性能。目前,该材料已经应用于耐高温结构材料、摩擦材料、空间光机结构材料等领域,如 GREGOR 空间反射镜[39]。

3.6　玻　璃

玻璃通常作为光学镜材料。大多数玻璃的 CTE 很低，其硬度与铝相似。它也相对容易生产具有光学设计所需的非常具体和准确的表面轮廓的玻璃零件，并且也可以抛光它们以获得可见光波长几分之一的均方根表面粗糙度。玻璃存在随时间变化的尺寸不稳定性。

目前应用较多的玻璃是 Corning ULE 和 Schott Zerodur。ULE 是一种钛-硅酸盐玻璃，室温下 CTE 为 $0.03 \sim 0.05$ ppm/℃。Zerodur 是一种纳米复合材料，由晶体石英和一个 CTE 成分嵌入一个正 CTE 的非晶态玻璃基体组成。

玻璃也可用于结构件。LISA 光学工作台是一块由 Zerodur 制成的实心板，光学部件安装在其上[40]。

3.7　智能材料

智能材料分为两大类：一类是可以感知外界刺激的智能材料，统称为感知材料，可以用来制成传感器以感知外界环境以及自身工作状态的变化，例如压电材料、形状记忆材料、铁磁材料、光导纤维等。另一类则是能够在外界环境或内部状态发生变化后做出恰当响应的材料，该类材料常用来做执行器。例如形状记忆材料、压电材料、铁磁材料既可以做感知材料，也可以做执行材料，而某些树脂基复合材料，例如自愈合材料是很好的执行材料。

利用智能材料的性质，将尺寸变化与其他电能或磁能上的改变建立联系，从而实现尺寸变化的测量和控制，这是尺寸稳定性从被动控制转向主动控制的一个关键差别[41]。

3.8　负膨胀材料

碳纤维沿纤维方向的热膨胀系数一般是负的，但沿垂直方向的热膨胀系数仍然是正的，石英和玻璃态的二氧化硅在低温条件下，存在热收缩现象。但这些特性并不是代表它们是真正意义的负膨胀材料。负膨胀材料指覆盖常温且在较宽温度范围内具有负热膨胀特性的材料。最早的负膨胀材料是由美国俄勒冈州立大学的 Sleight 研究团队发现的 ZrW_2O_8。ZrW_2O_8 是一种在 $15 \sim 1\,500$ K 范围内都表现为热收缩的材料。目前已发现了多种负膨胀材料族，如 AM_2O_7 族和沸石/类沸石族材料。三维负膨胀材料包括碱金属卤化物、四面体配位结构、赤铜矿结构、立方 ZrW_2O_8、立方 AM_2O_7、硅石和沸石等。还存在一些低维负热膨胀材料，如二维纳米结构、一维纳米结构和零维纳米结构等[42-43]。负膨胀材料在尺寸稳定结构中应用是在正膨胀材料中添加负膨胀材料，或将正膨胀材料与负膨胀材料组合设计，制成近零膨胀材料。

参 考 文 献

［1］ Sokolowski W M，Jacobs S F，Lane M S，et al. Dimensional stability of high－purity Invar 36 ［J］. Proceedings of SPIE－The International Society for Optical Engineering，1993：115－126.

［2］ Connors C J，Jacobs S F. Dimensional stability of Superinvar ［J］. Applied Optics，1983，22 (12)：1794.

［3］ P. Greenway，I. Tosh，N. Morris. Development of the TopSat camera，ESA－SP－554，2004.

［4］ 杨启东. 金属点阵结构增材制造及性能表征 ［D］. 湖南：湖南大学，2020.

［5］ J. E. Stumm，G. E. Pynchon，G. C. Krumweide. Graphite/epoxy material characteristics and design techniques for airborne instrument application，SPIE Milestone Series 770 (1981).

［6］ M. C. Kilpatrick，J. D. Girard，Design of a precise and stable composite telescope structure for the ultraviolet coronagraph spectrometer (UVCS)，SPIE Proceedings 1690 (1992).

［7］ D. C. Neam，J. D. Gerber，Structural design and analysis for an ultralow CTE optical bench for the hubble space telescope corrective optics，SPIE Proceedings 1690 (1992).

［8］ E. Ozores，F. Arevalo，A. Ayuso，A. Bonet，S. Lareo，A. Pradier，Development tests for a high stability optical bench，ESA－SP－336，1992.

［9］ E. Ponslet，R. Smith. Structural Engineering for the SNAP Telescope：Status Report.

［10］ J.－L. Lamard，C. Gaudin－Delrieu，D. Valentini，C. Renard，T. Tournier，J.－M. Laherrere. Design of the high resolution optical instrument for the pleiades HR earth observation satellites，ESA－SP－554，2004.

［11］ J.－L. Lamard，C. Gaudin－Delrieu，D. Valentini，C. Renard，T. Tournier，J.－M. Laherrere. Design of the high resolution optical instrument for the pleiades HR earth observation satellites，ESA－SP－554，2004.

［12］ P. Greenway，I. Tosh，N. Morris. Development of the TopSat camera，ESA－SP－554，2004.

［13］ Menzel，W P，Bell，J J L，Iwasaki，T，et al. Design and analysis of a beryllium three－mirror anastigmat telescope for the JapaneseAdvanced Meteorological Imager (JAMI) ［J］. SPIE Proceedings：2005，5658 (12)：12.

［14］ Zhang，Y，Song，L，Jiang，W，et al. Study on optimization design and application of berylliummirror of space astronomical instruments ［J］. SPIE Proceedings：2007，6721 (07)：7.

［15］ P. R. Yoder. Design and mounting of prisms and small mirrors in optical instruments，Tutorial Texts in Optical Engineering TT32，SPIE Opt. Eng. Press，1998.

［16］ Stahl，H P，Feinberg，L，Texter，S. JWST primary mirror material selection ［J］. Optical，Infrared，and Millimeter SpaceTelescopes，Pts 1－3：2004，5487：818－824.

［17］ 袁家军. 卫星结构设计与分析 ［M］. 中国宇航出版社，2004.

［18］ 赵鑫. 镁合金在卫星铝蜂窝夹层结构板中的应用 ［J］. 宇航材料工艺，2008 (04)：48－50.

［19］ 周星驰，周徐斌，陶炯鸣，王智磊，刘兴天. 镁合金蒙皮蜂窝板在卫星结构上的应用 ［J］. 航天

器工程，2017，26 (04)：46 - 51.

[20]　王祝堂. 镁-锂合金使高轨卫星质量减轻 173 kg [J]. 轻合金加工技术，2019，47 (03)：16.

[21]　Jackson R J, Frost P D. PROPERTIES AND CURRENT APPLICATIONS OF MAGNESIUM - LITHIUM ALLOYS. 1967.

[22]　Frost P D. Technical and Economic Status of Magnesium - Lithium Alloys. NASA SP - 5028.

[23]　王军武，刘旭贺，王飞超，等. 航空航天用高性能超轻镁锂合金 [J]. 军民两用技术与产品，2013 (6)：4.

[24]　诸静，郝旭峰，叶周军. 碳纤维/氰酸酯复合材料尺寸稳定性能 [J]. 宇航材料工艺，2013，43 (004)：52 - 54.

[25]　张春雨，吕凯，张宗华，朱华，顾志悦. 碳纤维承力筒一体化结构设计及试验验证 [J]. 航天器环境工程，2014，31 (02)：186 - 190.

[26]　宋可心，张雷，贾学志，苏志强. 吉林一号轻型高分辨空间相机碳纤维桁架支撑技术 [J]. 光学学报，2020，40 (21)：143 - 148.

[27]　神舟飞船太阳翼结构国产化：突破碳纤维进口限制 [J]. 玻璃钢/复合材料，2015 (09)：105.

[28]　沃西源，房海军. 碳纤维复合材料 C 波段天线反射面研制 [C] //中国硅酸盐学会玻璃钢分会. 第十七届玻璃钢/复合材料学术年会论文集，2008：4.

[29]　Torayca Datasheet，"T300 Technical Data Sheet，" No. CFA - 001.

[30]　Torayca Datasheet，"T300 Technical Data Sheet，" No. CFA - 005.

[31]　Torayca Datasheet，"M40J Technical Data Sheet，" No. CFA - 014.

[32]　Torayca Datasheet，"M55J Technical Data Sheet，" No. CFA - 016.

[33]　Torayca Datasheet，"M60J Technical Data Sheet，" No. CFA - 018.

[34]　张晓岚，王海涛，张德雄. 金属基复合材料在航天器上的应用 [C] //中国空间技术研究院，教育部科学技术司，真空低温技术与物理重点实验室，中国空间技术研究院原材料保证中心分部. 第三届空间材料及其应用技术学术交流会论文集，2011：6.

[35]　赵渠森. 先进复合材料手册 [M]. 机械工业出版社，2002.

[36]　Toor Z S. Applications of Aluminum - matrix composites in Satellite A Review [J]. Journal of Space Technology，2017，07 (1)：1 - 6.

[37]　Rawal S P. Metal - matrix composites for space applications [J]. JOM，2001，53 (4)：14 - 17.

[38]　Krödel M R, Arnaud M, Murray S S, et al. The TET - 1 HSRS camera structure：the second flight heritage of Cesic [J]. Proceedings of SPIE - The International Society for Optical Engineering，2010，7732：77324J - 77324J - 10.

[39]　VolkmerR, OVD Lühe, Denker C, et al. GREGOR telescope - start of commissioning [J]. Proceedings of SPIE - The International Society for Optical Engineering，2010，7733.

[40]　Catellucci K, Arsenovic P, Howard J, et al. Preliminary LISA Telescope Spacer Design [J]. Livas J，2010，38.

[41]　Dano M L, Jullière, B. Active control of thermally induced distortion in composite structures using Macro Fiber Composite actuators [J]. Smart Material Structures，2007，16 (6)：2315.

[42]　Chong, N, Chu, et al. Negative thermal expansion ceramics：A review [J]. Materials Science and Engineering，1987，95 (1)：303 - 308.

[43]　刘亚明. 几种典型材料负膨胀机理的第一性原理研究 [D]. 郑州大学，2016.

第 4 章　设计流程

4.1　概述

常规航天器结构以强度和刚度为主要设计要素，但航天器结构尺寸稳定性的设计指标却往往从有效载荷的要求衍生而来，尽管尺寸稳定结构与一般航天器结构的设计有一些相似之处，但在尺寸稳定性结构的材料选择、构型设计、仿真分析和试验验证方法等方面也具有不同于常规结构的设计方法。

在开始尺寸稳定结构设计之前，有一些基本的设计原则需要遵守，包括[1-3]：

（1）轻量化

结构应是轻巧的，而不是笨重的，因为笨重的结构在地面生产和装配过程中的重力对尺寸稳定的影响更大。实现轻量化的途径包括：选用轻质材料，载荷识别精细化以避免过设计，采用轻量化的加工工艺（如增材制造）以及构型和设计优化。

（2）高刚度

结构应具有较高的刚度，这样在发射过程中即使发生共振，振动的幅值也相对较小，有利于保持较好的尺寸稳定性；高刚度可以通过选用高模量材料和针对固有频率的优化设计实现。

（3）低膨胀

有尺寸稳定性要求的结构应选用热膨胀系数较小的材料，因为航天器在轨尺寸稳定性最主要的影响因素就是温度。选用低膨胀材料时，也应关注材料的其他特性，如热膨胀系数随温度的变化、材料的强度和刚度特性等。

（4）易加工

结构生产工艺具有稳定性。因为尺寸稳定结构对结构和材料特性要求较高，使得设计过程中往往采用新材料或新工艺，工艺稳定性保证了材料性能的稳定性，而材料性能的稳定是稳定性设计的前提。

（5）适度性

尺寸稳定结构对性能要求大多严苛，但工程设计应以够用为设计目标，不应盲目追求高指标和高性能，慎用新材料、新工艺，谨慎制定试验验证计划，否则，尺寸稳定结构设计将事倍功半。

航天器尺寸稳定结构的设计流程见图 4-1。

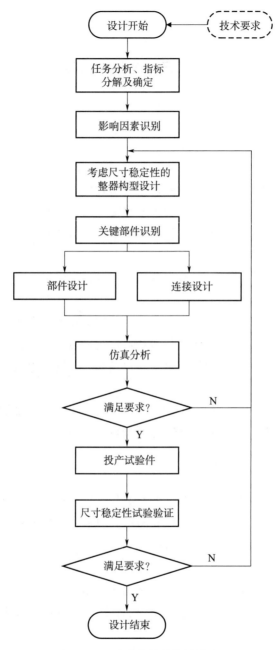

图 4-1　尺寸稳定性结构设计流程

4.2　技术要求

技术要求是尺寸稳定结构设计的输入。对一般结构设计而言，技术要求在结构设计之初已基本确定，因为无论是技术要求的提出者，还是作为结构设计者，对技术要求都有比较深入的理解和足够的工程经验，可以相对比较容易地制定合理的要求，并贯彻执行。但尺寸稳定结构的设计与技术要求往往存在迭代反复的情况，这是因为尺寸稳定结构的设计目前尚未形成比较成熟的流程和规范，尺寸稳定结构的设计又具有系统性、多学科性等特点，迫使技术要求提出者和尺寸稳定结构设计者必须对技术要求进行认真详细的反复协商沟通，以确定合理的技术要求。有时甚至需要通过分析或试验进行验证后，再确定最终的技术要求或者完善修订已有的技术要求。

一个合理的技术要求应具有如下特点：

（1）明确性

技术要求应是明确、可量化的，而不应是含糊的、具有歧义的。

（2）可验证性

技术要求应是可验证的，无论是通过分析进行验证还是通过试验进行验证。

（3）可实现性

技术要求应是可实现的，不能提出过高的尺寸稳定性要求，导致工程上不能实现。

以上几个合理技术要求虽然简单易懂，但是，在尺寸稳定结构设计过程中还是会遇到不能满足的情况，例如，作者在工作中曾经遇到过指向稳定度优于 10^{-6} 角秒这样的技术要求，这既不可测，也不可实现，所以，这种要求导致的结果就是无论如何也设计不出满足要求的尺寸稳定结构。

4.3   任务分析与指标分解

尺寸稳定结构设计之前，首先要对航天器的尺寸稳定性任务要求进行分析，了解航天器的功能、有效载荷的性能特点和工作、标定与校正模式。具体包括：

（1）轨道

轨道直接影响航天器的外部环境，了解轨道是尺寸稳定性设计的第一步。

（2）有效载荷与工作模式

明确有效载荷是全时工作还是分时工作，是否有在轨标定，如果有，标定周期是多少等工作模式。

（3）确定指标

结构尺寸稳定性指标的定义在当前的航天器结构设计体系中是不严谨的，特别容易产生歧义，影响尺寸稳定性设计的正确开展。如 ESA 标准中，将尺寸稳定性划分为发射前测量、标定的短期稳定性和从装配、发射到入轨的长期稳定性。这个划分简单明了，但缺乏更多的技术细节，整个定义仍然是意义不明确的。本书尝试从 5 个维度，对尺寸稳定性指标进行更准确和更具工程可操作性的定义。

尺寸稳定性可用公式表示如下

$$D_S = f[D(t), D_R(t)] \tag{4-1}$$

式中 $D(t)$ ——表征尺寸稳定性的物理量，如位移、平面度等；

t ——时间；

$D_R(t)$——相应尺寸稳定性物理量的参考值或基准值，可由地面或在轨标定给出。

式（4-1）是尺寸稳定性的一般定义，存在 5 个维度的特性描述：

（1）偏差类型

设尺寸稳定性指标为 D_I，根据尺寸稳定性与指标 D_I 之间的关系可定义尺寸稳定性的偏差类型。

常值偏差定义为

$$D_S - D_I = 常数（t \geqslant t_1 且 t_1 \ll t_{life}） \tag{4-2}$$

式中　t_1——入轨后 $D_S - D_I$ 不再随时间发生变化的时间；

t_{life}——航天器的寿命。即当入轨后，在与航天器寿命 t_{life} 相比很短的时间 t_1 之后，$D_S - D_I$ 为常值。

当 $D_S - D_I$ 不满足式（4-2）时，称尺寸稳定性的偏差为可变偏差。

（2）基准类型

当式（4-1）与 $D_R(t)$ 无关时，即 $D_S = f[D(t)，D_R(t)] = f[D(t)]$ 时，尺寸稳定性只与表征尺寸稳定性物理量的变化规律有关，此时称尺寸稳定性是基准无关的，否则，称为基准相关的。

对于基准相关的尺寸稳定性，当基准基于地面标定状态确定，不随时间变化时，即 $D_R(t) = c =$ 常数时，称为静态基准；当基准基于在轨标定确定时，称为动态基准。因为采用动态基准时，一般可以剔除地面装配和主动段发射过程中的常值偏差，所以，采用动态基准的稳定性设计难度相对较低。

当尺寸稳定性与基准无关时，尺寸稳定性只与变形量自身的变化有关，这将使设计难度大大降低。例如，当只关心某一变形量的在轨变化波动区间，而不是变形量本身的大小时，即属于此种情况。反之，如果尺寸稳定性不仅与变形规律有关，还与基准有关，例如，若稳定性指标定义为某平面在轨变形后与地面标定状态的平面度之差，结构稳定性的设计引入这个静态基准后，设计难度将大大增加。

（3）时间特性

当式（4-1）中的指标仅在变量 t 的部分时间区间有要求，其他时间不作要求时，称为分时尺寸稳定性，否则称为全时尺寸稳定性。

当有效载荷的工作模式为分时工作时，在有效载荷非工作期间，尺寸稳定性一般不作要求，此时即相当于分时尺寸稳定性。

（4）物理量

尺寸稳定性需要具体的物理量来表征。就航天器整星层面来说，尺寸稳定性最终的指标与有效载荷性能密切相关，而分配给星体结构的指标一般则为变形量。目前常用于表征尺寸稳定性的物理量包括位移、距离、矢量指向、矢量夹角、平面度等。确定表征尺寸稳定性的物理量时，应注意如下两点：

1）确定的物理量必须能正确关联有效载荷性能指标。如对于安装有效载荷的平面，评价其尺寸稳定性既可以是位移，也可以是平面度或者其他的量，但无论选择哪个物理量，都应该是与载荷的要求确定的函数关系，而不应有任何不确定性因素或者似是而非的关系描述。

2）确定的物理量必须定义清晰、严谨，同时，对一些含义相近的物理量也需要仔细区分其差异。如变形 3 mm 之类的说法是不严谨的，容易产生歧义。

（5）函数/算法

在分析或试验验证得到表征尺寸稳定性的物理量数值后，根据算法，确定数值与指标之间的函数表达，即确定式（4-1）中的 f。一般常见的表达关系可能是：

1 一段时间内，尺寸稳定性表征物理量波动峰峰值小于给定指标

$$\max[D(t)) - \min(D(t)) < D_I$$

2 一段时间内，尺寸稳定性表征物理量变化 RMS 值小于给定指标

$$\mathrm{RMS}[D(t)] < D_I$$

尺寸稳定性五个维度的特性描述汇总可以用图 4-2 表示。

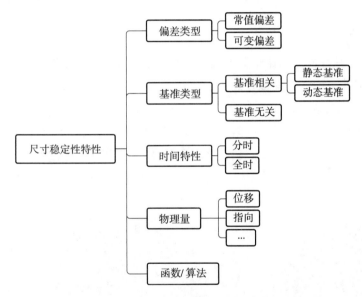

图 4-2　尺寸稳定性特性描述

尺寸稳定性指标的类型直接决定了设计的难度，例如基准无关尺寸稳定结构要比基准相关尺寸稳定结构的设计难度低一些。识别尺寸稳定性的类型，对正确开展设计，降低设计难度和成本具有重要意义。在定义尺寸稳定性指标时，为使定义全面清晰，建议以属性表的形式给出，属性表形式见表 4-1。

表 4-1　尺寸稳定性属性定义表

偏差	基准	时间	物理量	函数/算法	数值
常值/可变	相关/无关	分时/全时	位移，指向…	峰峰值，RMS…	具体数值

4.4　影响因素识别

尺寸稳定结构设计需要根据轨道、载荷工作模式，识别航天器结构的工作环境，包括温度交变、湿气排放和辐照效应等[4]。根据环境影响因素初步确定结构设计采用的材料和有针对性的开展设计工作。在识别影响因素的过程中，应注意尺寸稳定性指标的类型与环境的相关性，例如，对于基准无关的尺寸稳定性，不考虑地面装配误差，地面的各种工作、装配环境也不作为尺寸稳定性设计中的环境因素进行考虑，即某一环境因素是否纳入尺寸稳定性的设计考虑，依据是结构稳定性指标的类型。

4.5　尺寸稳定结构构型

从尺寸稳定结构设计的角度，航天器构型可以分为两类：

1）整体结构型，开展航天器整器尺寸稳定性设计。

2）尺寸稳定性部件与整体结构解耦型，开展部件级尺寸稳定性设计。

因为通过载荷适配结构连接有效载荷和航天器平台的尺寸稳定性设计可以实现整器主结构变形和载荷适配结构之间的部分或完全变形解耦，从而降低尺寸稳定性的设计复杂度，所以，如果可能的话，应该以第二类部件级尺寸稳定性设计为首选设计方案。

如图4-3是某光学望远镜支撑结构，高精度的科学仪器安装在复合材料蜂窝板上，蜂窝板通过撑杆与星体主结构连接，这是比较典型的通过载荷适配结构实现稳定性设计的结构。

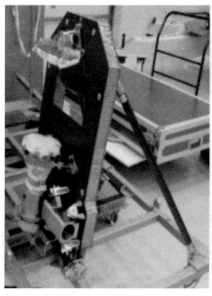

图 4 - 3　LISA 探路者科学模块

图 4-4 是 GRACE 的构型图，GRACE 的尺寸稳定性指标之一是在轨期间整星的质心变化优于 3 μm，这个指标是整星的系统指标，不可能通过一个单独部件的尺寸稳定性设计达到稳定性要求，是典型的整星结构尺寸稳定性设计[5]。

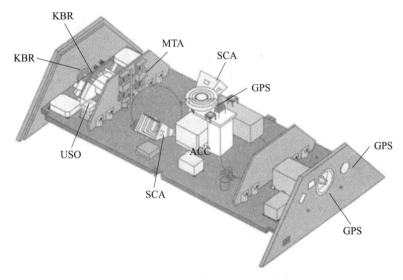

图 4-4　GRACE 卫星构型

4.6　关键部件识别

航天器各个部件对尺寸稳定性的影响是不同的，即使是整器类型的尺寸稳定性结构构型，各个部件的影响权重也会有很大的差异。对于航天器整器尺寸稳定性设计，开展具体设计的第一步是通过贡献度分析或灵敏度分析，识别影响尺寸稳定性的关键结构部件，针对识别出的关键部件，开展部件的尺寸稳定性设计。结构部件尺寸稳定性的贡献度和灵敏度由结构自身特性与外部环境共同确定。例如，以热变形作为尺寸稳定性设计环境的结构，其热膨胀系数和温度载荷一起决定了其对于尺寸稳定性的影响程度。对于温度不变或变化很小的结构，选择热膨胀系数小的材料的意义就明显不大。

4.7　材料选择

材料是尺寸稳定结构设计中最关键的因素，材料选择首先关注其尺寸稳定性性能，重点考虑第 2 章中列出的热膨胀系数、湿膨胀系数、辐照衰减特性等性能与尺寸稳定性要求的匹配性。材料选择应遵守的原则包括[6]：

1）优先选择热膨胀系数和湿膨胀系数低的材料；

2）优先选择高比强度和高比刚度的材料；

3）对湿膨胀特性有较高要求的结构尺寸稳定性设计，应对材料吸湿进行严格控制。

当所用材料吸湿性不满足设计要求时，考虑使用金属结构或无机基体的复合材料；

　　4）优先选择加工工艺成熟且工艺过程控制稳定的材料；

　　5）当结构部件由多种材料构成时，在关注方向上的材料热膨胀性质应尽量一致；

　　6）进行材料选择时，应考虑材料对第 2 章各个影响因素的敏感性；

　　7）材料选择应考虑综合性能，而不是以单一性能为选择依据。

需要特别强调的是第 7）点。材料选择需要系统的观念，不能仅关注某一性能而忽视其他性能，而应该通过综合评价，以综合性能作为材料选取的标准。以热膨胀系数这一最主要性能为例，零膨胀材料并不一定是尺寸稳定结构的最佳选择。因为材料的零膨胀特性往往是在某一温度区间内得以实现，在区间之外，其热膨胀特性可能迅速劣化；另一方面，零膨胀材料其性能往往不稳定，极易受到外界因素影响而劣化。所以，材料选择的一个最重要的准则是在满足技术要求的前提下，选择性能合适的材料，而不是某一性能越高越好。

4.8　部件和连接设计

部件设计包括部件构型、材料选择、详细设计等几个方面，连接设计包括内部连接设计和外部连接设计。部件设计首先应该满足航天器结构的一般强度、刚度和响应特性要求，在此基础上，考虑满足尺寸稳定性的要求。

4.9　仿真分析

尺寸稳定性结构指标很难通过试验进行验证，因此，通过仿真分析确定尺寸稳定性指标的满足情况，对尺寸稳定性验证非常重要，在很多情况下，也是验证结构尺寸稳定性指标的唯一方法。目前仿真分析主要是通过有限元方法获得变形，然后，再通过相应的算法或者作为其他学科（如光学）分析工具的输入，得到稳定性指标。

4.10　试验验证

试验验证是尺寸稳定性设计的最后一步，也是最重要的一步。因为航天器整器尺寸稳定性试验实施非常困难，所以，试验验证一般在材料级、典型部件级和组件级三个层次上进行。通过在较低层次上的试验，获取材料的基本物理和力学参数，然后通过整器系统级仿真，得到最终的航天器系统级尺寸稳定性指标评价。

参 考 文 献

[1] Jacobs S F. Unstable Optics [C] //Dimensional Stability，[S. l.]：International Society for Optics and Photonics，1990：20 - 44.

[2] Aydin Levent. Design of dimensionally - stable laminated somposites subjected to hygro - thermo - mechanical loading by stochastic optimization methods [D]. Graduate School of Engineering and Sciences of Gzmir Institute of Technology，2011.

[3] Kilpatrick MC，Girard JD，Dodson KJ. Design of a Precise and Stable Composite Telescope Structure for the Ultraviolet Coronagraph Spectrometer [C] //Design of Optical Instruments，[S. l.]：International Society for Optics and Photonics，1992：196 - 215.

[4] Bailly B，Cornu J，Capdepuy B，et al. Dimensionally Stable Structures [J]. European Space Agency - publications - esa Sp，1996，386：361 - 370.

[5] Gonalves R D，Stollberg R，Weiss H，et al. Using GRACE to quantify the depletion of terrestrial water storage in Northeastern Brazil：The Urucuia Aquifer System [J]. Science of The Total Environment，2019，705.

[6] Aydin L. Design and optimization of fiber composites [M]. 2017.

第5章　尺寸稳定结构设计

5.1　概述

尺寸稳定结构设计原则包括如下要素[1]：

（1）结构的力学要素

结构应是轻质的，基频高、与其他结构不存在共振、动力学响应小。

（2）空间和时间稳定性要素

结构使用中避免出现微屈服、微蠕变以及随时间产生不可接受的变形等尺寸不稳定效应。

（3）热尺寸稳定性要素

结构材料的热/湿膨胀系数应较小。对于存在温度梯度的情况，还需要结构具有良好的导热性以尽量降低温度梯度；对于由不同材料组成的结构，还应考虑不同材料之间热变形的匹配情况。这一特性几乎是所有尺寸稳定结构的共同要求。

（4）制造可重复性要素

尺寸稳定性要求越高，加工造成的性能离散性对尺寸稳定的影响就越大，因此，制造工艺应具备良好的可重复性，同时在设计过程中，应避免工艺性差的设计。

以上各个因素的权重是不一样的，尺寸稳定结构使用要求不同，则对各个因素的取舍有不同的权衡，需要具体问题具体分析。

尺寸稳定结构设计包含三个主要步骤：

（1）构型设计

构型设计是根据总体设计要求，在满足空间包络、重量、刚度和强度等要求的基础上，设计合理的空间结构形式。

（2）材料选择与材料设计

根据结构工作环境和使用要求，选定结构材料，如果是复合材料，在选定材料之后，还存在一个材料设计过程。

（3）详细设计

在几何构型和材料选定的基础上，对结构进行详细设计，包括具体的结构尺寸，接口设计，以及满足总体技术要求的各项功能的具体实现。

5.2　部件构型

尺寸稳定结构的构型设计，需要考虑整星构型、有效载荷安装、变形解耦、刚度和强度以及工艺可行性等需求。目前，可作为尺寸稳定结构的构型包括板式结构、桁架结构、筒式结构和框架结构等几种常见的形式[2-3]。

5.2.1　板式结构

板式结构是最常见的航天器结构件，板式结构有均质单层板、层合板、加筋板（桁条加筋、网格加筋等）和夹层板（蜂窝夹层、泡沫夹层、波纹夹层等）等几种结构形式。其中均质单层板、加筋板在航天器尺寸稳定结构中应用很少，层合板和夹层板应用较多，最常见的夹层板是蜂窝夹层板。如具有高尺寸稳定性要求的 LISA、GRACE‑FO 主结构均为蜂窝夹层板结构。

5.2.2　框架结构

框架结构是指由梁式构架通过机械组装、整体机加、铸造或模压复合而成的整体结构。组成构架的梁截面尺寸远小于沿长度方向的尺寸。受使用需求和制造工艺的限制，传统框架结构都是 2 维的，现在随着结构形式和航天器构型布局的复杂化以及制造工艺的进步，越来越多的 3 维构架结构在航天器中投入使用。某一体化支架如图 5-1 所示。

框架结构具有较高的强度和刚度，能适应多种机械结构的设计和连接。其主要功能如下：

1）可作为分舱结构设计的构造基础，提供舱间的结构连接接口，维持所在舱体的整体性。

2）可作为设备的安装结构，保证设备的安装刚度、精度和指向要求等。

3）可作为设备安装和在轨运行期间维持高尺寸稳定性的安装平台结构。

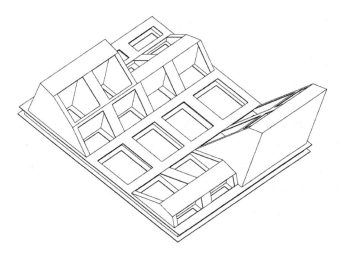

图 5-1　某一体化支架

框架结构在航天器结构中应用广泛，如法国的 SPOT 卫星、中国的资源三号卫星[6]、高分七号卫星[7] 等。

5.2.3 杆系结构

杆系结构是指由许多直杆组成的系统，它们可以在二维平面或三维空间中通过接头装配而成，分别称为平面杆系和空间杆系。理论上的杆仅沿轴向传递拉压载荷，连接接头不能传递力矩。实际工程结构如果要真正实现杆的理论特性，需要复杂昂贵的球轴承或特殊设计的接头，因此，为简化设计、降低成本，一般的杆系结构的连接接头都可以传递一定的弯矩，这是工程实际中的杆系结构和理论分析中的杆系结构的差异之处，在进行受力分析时，应清楚其不同之处。

杆系结构在结构设计中的作用如下：

1）作为大型有效载荷的安装结构，例如大型推进剂贮箱。

2）作为模块化卫星的连接结构。杆系结构可以作为模块化卫星的舱间连接适配结构，使不同舱段结构相对独立，有利于模块化设计的实现。

3）完成载荷传递的合理过渡。例如，当航天器不同部分之间存在圆形结构向方形结构进行传力过渡时，杆系结构可作为一个比较合适的设计方案。

4）实现高的尺寸稳定性。利用复合材料的各向异性，设计沿杆的轴向具有零膨胀特性是可行的，由此构成的空间杆系结构就具有了零膨胀的宏观特性。

杆系结构在航天器上具有重要功能。杆系结构可用于建立大型空间站（如国际空间站）的主龙骨结构，用于一些大型空间望远镜的主结构（如哈勃望远镜[8]、STARS 望远镜），也用于一些航天器的次结构（如卡西尼号土星探测器、SPOT 遥感卫星等），以及辅助的支撑性结构。

5.3 复合材料层合结构设计

5.3.1 层合结构组成

5.3.1.1 概述

因为大多数复合材料是各向异性的，因此，与各向同性材料可以几乎不经材料性能设计直接应用于结构设计不同，复合材料在应用于结构设计之前，需要根据需求对其性能进行设计。复合材料的性能设计要考虑最终产品的使用目的（强度、刚度和尺寸稳定性等）和使用条件（温度、机械载荷和真空等），有针对性的开展设计工作。复合材料层合板是目前航天器中应用最广泛的尺寸稳定结构，因此，本节主要叙述这一类材料的性能设计。

5.3.1.2 定义

层合板（laminate），又称层压板，是指由两层或两层以上的单向板铺层通过树脂固化粘结在一起构成的复合材料板。层合板的组分材料包括纤维和基体。层合板的材料可以是相同的，也可以是不同的。每层的方向和铺贴的顺序根据设计要求确定，以获得所需的性能。

5.3.1.3　选材

正确的选材对复合材料设计非常重要，除满足第 4 章中关于尺寸稳定结构材料选择的一般性要求之外，其选材原则还包括：

1）湿热性能要求。尺寸稳定结构选材首要特性是材料应具有尽量低的热膨胀系数和湿膨胀系数。

2）强度和刚度性能。应选择比强度和比刚度高的材料，在保证具有较高的强度和刚度的同时，降低结构的重量。

3）材料的环境适应性。材料在结构工作环境下的适应能力，如高低温环境、真空环境等。

4）材料的工艺性。固化与成型过程与构型、后期使用环境要求的匹配性以及机械加工、装配等工艺过程的可实施性等。

5）特殊需求的考虑。如天线结构有透波的需求、光学结构的防污染需求等。

6）易得性。因为尺寸稳定性的特殊需求，往往导致对材料性能有较极端的需求，材料加工工艺的稳定性、成型的难易、甚至采购渠道的畅通，都是设计选材过程中需要考虑的因素。

5.3.1.4　基体

基体选择要考虑的因素包括：基体浸润纤维的能力、加工性、成本和可获得性、层压质量、环境适应性、吸湿性、玻璃化转变温度、密度、流动性、拉伸强度和微裂纹等。

碳纤维增强树脂基复合材料的基体材料包含两类：热塑性基体和热固性基体。当热塑性基体受热超过熔点时，树脂由固相变成液相，具有可塑性。因此，热塑性基体在压力和热量的帮助下可再模塑。最常见的热塑性基体材料是聚醚醚酮（PEEK）、热塑性聚酰亚胺（TPI）、聚苯硫醚（PPS）。最常用的基体材料是热固性基体。通过交联反应，热固性树脂的分子链交联成网状结构，得到不溶不熔树脂材料。宇航结构中最常用的热固性树脂基体材料是环氧树脂和氰酸酯。其中，环氧树脂工艺成熟，应用广泛，但其耐高温和辐照性能以及吸湿性，均不如氰酸酯。目前在尺寸稳定结构中，氰酸酯有逐渐替代环氧树脂的趋势[9]。

5.3.1.5　纤维

复合材料的纤维选择过程必须与工程应用的设计要求相适应。需要考虑的性能包括强度或刚度，湿热机械性能，单层厚度/丝束尺寸可用性，尺寸和表面处理、浸润、粘合和材料相容性，以及成本和工程可获得性。

目前航天器尺寸稳定结构中常用的碳纤维包括高强度的 T 系列纤维（如 T300 和 T700 等）和高模量的 M 系列（如 M40 和 M55 等）纤维。如果单纯从材料自身的特性看，就热膨胀特性而言，T 系列和 M 系列差异并不大，但复合材料宏观热膨胀特性不止与纤维有关，还与基体有关，为两者共同作用的结果。单向复合材料的沿纤维方向的宏观热膨胀系数 α_1 可以用下面的公式表示[10]

$$\alpha_1 = \frac{\alpha_{f1} E_{f1} V_f + \alpha_m E_m V_m}{E_{f1} V_f + E_m V_m} \tag{5-1}$$

式中　E_{f1}，E_m ——纤维纵向弹性模量和基体弹性模量；

　　　　α_{f1}，α_m ——纤维的纵向热膨胀系数和基体的热膨胀系数；

　　　　V_f，V_m ——纤维和基体的体积含量。

式（5-1）可以写成式（5-2）的形式

$$\alpha_1 = \alpha_{f1} + \frac{(\alpha_m - \alpha_{f1}) E_m V_m}{E_{f1} V_f + E_m V_m} \tag{5-2}$$

对于大多数纤维和基体的组合来说，$\alpha_m \gg \alpha_{f1}$，$E_{f1} V_f \gg E_m V_m$，所以，式（5-2）可近似表示

$$\alpha_1 \approx \alpha_{f1} + \alpha_m \frac{E_m V_m}{E_{f1} V_f} \tag{5-3}$$

α_m 一般较大，为降低式（5-3）中 α_m 的影响，需要降低 $\dfrac{E_m V_m}{E_{f1} V_f}$ 的比值，在基体和体积比确定的前提下，E_{f1} 越高，α_m 的影响就越小，这是尺寸稳定结构中应用 M 系列碳纤维较多的原因。此外，在航天器整个变形场中，一般希望其他零部件的变形对尺寸稳定结构的影响尽量小，这就要求尺寸稳定结构应具有较高的刚度，这也是尺寸稳定结构采用 M 系列碳纤维更多的原因之一。

5.3.1.6　添加剂

将纤维粘接在一起，产生特定的形状并传递载荷是基体（或树脂）的基本作用。但有时为了使得碳纤维复合材料具有一些期望的性能，可以考虑在树脂中添加一些物质。如树脂基碳纤维复合材料的导热、导电性能都比较差，通过在树脂中添加碳纳米管或石墨烯，可以显著增强其导热和导电性能。添加剂的加入，改善了复合材料的性能，使其具有了更广泛应用的可能，目前是一个吸引了众多研究者的方向。

5.3.2　层合结构的特性

5.3.2.1　单向特性

对于层合结构来说，最基本的单向特性由纤维和基体的特性共同决定。可以利用解析法和数值法通过纤维和基体计算单向复合材料的各个工程常数。解析法建立在不同准则基础上，也可能包含一些经验公式，数值法一般通过建立详细的有限元模型计算获得。本节主要介绍解析法。目前计算复合材料单向特性的解析法主要包括如下几个公式[10-11]。

（1）混合律（Rule of Mixture，ROM）

单向层合板的各个工程常数由下面的公式得到

$$E_{11} = V^f E_{11}^f + V^m E^m \tag{5-4}$$

$$E_{22} = \frac{E_{22}^f E^m}{E^m V^f + E_{22}^f V^m} \tag{5-5}$$

$$\nu_{12} = V^f \nu_{12}^f + V^m \nu^m \tag{5-6}$$

$$G_{12} = \frac{G_{12}^f G^m}{G^m V^f + G_{12}^f V^m} \tag{5-7}$$

式中　$E_{11}^f, E_{22}^f, \nu_{11}^f, G_{12}^f$——纤维的纵向弹性模量、横向弹性模量、1-2 平面内纵向泊松
　　　　　　　　　　比、1-2 平面内剪切模量;

　　　　E^m, G^m, ν^m——基体的杨氏模量、剪切模量和泊松比;

　　　　V^f, V^m——纤维和基体的体积含量。

　　混合律概念简单直观,容易计算,但是混合律对于各个参数估计的精度不同,实践表明,混合律对层合板纵向弹性模量、1-2 平面内纵向泊松比估计精度较好,与单向材料的试验数据具有较好的一致性,但其他参数则往往精度不高。

　　(2) 修正混合律 (Modified Rule of Mixture,MROM)

　　为了提高 E_{22} 和 G_{12} 计算精度,提出了如下的参数估计公式

$$\frac{1}{E_{22}} = \frac{\eta^f V^f}{E_{22}^f} + \frac{\eta^m V^m}{E^m} \tag{5-8}$$

其中

$$\eta^f = \frac{E_{11}^f V^f + \left[(1 - \nu_{12}^f \nu_{21}^f)E^m + \nu^m \nu_{21}^f E_{11}^f\right] V^m}{E_{11}^f V^f + E^m V^m}$$

$$\eta^m = \frac{\left[(1 - \nu^{m\,2})E_{11}^f - (1 - \nu^m \nu_{12}^f)E^m\right] V^f + E^m V^m}{E_{11}^f V^f + E^m V^m}$$

$$\frac{1}{G_{12}} = \frac{V^f / G_{12}^f + \eta' V^m / G^m}{V^f + \eta' V^m}$$

其中,$0 < \eta' < 1$,一般可取 $\eta' = 0.6$。

　　(3) Halpin-Tsai 公式

　　Halpin-Tsai 公式属于半经验公式。E_{22} 和 G_{12} 的表达式如下

$$E_{22} = \frac{1 + \zeta \eta V^f}{1 - \eta V^f} E^m \tag{5-9}$$

$$G_{12} = \frac{1 + \zeta \eta V^f}{1 - \eta V^f} G^m \tag{5-10}$$

其中

$$\eta = \frac{M^f - M^m}{M^f + \zeta M^m}$$

$\zeta = 1, 2$,对应于 $M = G_{12}$ 和 E_{22}。

　　(4) Chamis 公式

　　Chamis 公式也是最常用的公式,它的 E_{11} 和 ν_{12} 与混合律相同,但其他公式中的 V^f 用 $\sqrt{V^f}$ 代替,其表达式为

$$E_{22} = \frac{E^m}{1 - \sqrt{V^f}(1 - E^m / E_{22}^f)} \tag{5-11}$$

$$G_{12} = \frac{G^m}{1 - \sqrt{V^f}(1 - G^m/G_{12}^f)} \tag{5-12}$$

因为热膨胀过程中，纤维和基体之间存在相互作用力，所以，单向层合板的热膨胀系数不满足混合律。由此存在多种专门针对热膨胀系数的计算公式，主要的几个公式如下：

（1）Schapery 公式

$$\alpha_{11} = \frac{E_{11}^f \alpha_{11}^f V^f + E^m \alpha^m V^m}{E_{11}^f V^f + E^m V^m} \tag{5-13}$$

$$\alpha_{22} = \alpha_{22}^f V^f \left(1 + \nu_{12}^f \frac{\alpha_{11}^f}{\alpha_{22}^f}\right) + \alpha^m V^m (1 + \nu^m) - \nu_{12}^f \alpha_{11} \tag{5-14}$$

（2）Chamberlain 公式

Chamberlain 公式的 α_{11} 与 Schapery 公式相同，差别在 α_{22}

$$\alpha_{22} = \alpha^m + \frac{2(\alpha_{22}^f - \alpha^m)V^f}{\nu^m(F - 1 + V^m) + (F + V^f) + \dfrac{E^m}{E_{11}^f}(1 - \nu_{12}^f)(F - 1 + V^m)} \tag{5-15}$$

式中，F 为填充因子，对于六边形填料，$F = 0.9069$；对于四边形填料，$F = 0.7854$。

（3）Chamis 公式

Chamis 公式的 α_{11} 与 Schapery 公式的差别也在 α_{22}

$$\alpha_{22} = \alpha_{22}^f \sqrt{V^f} + (1 - \sqrt{V^f})\left(1 + V^f \nu^m \frac{E_{11}^f}{E_{11}}\right) \alpha^m \tag{5-16}$$

除了上述介绍的公式以外，还有一些公式用于计算单向层合结构的热膨胀系数，如 Van Fo Fy 公式、Rosen and Hashi 公式、Schneider 公式等。目前，不同公式大多是针对某一类材料具有较高的计算精度，而用于其他材料时，精度则往往差强人意。这一方面是由于单向复合材料热膨胀系数特性自身的复杂性，另一方面，复合材料制造工艺也对材料的性能有着明显的影响。体现在工程实践中的现象是，相同材料成分（相同纤维，相同树脂）的产品，不同厂家生产，性能会存在明显的差异。这也是采用公式计算单向复合材料特性与试验不一致的一个主要原因。因此，对于高精度的尺寸稳定结构设计，进行材料级性能测试不可或缺。

当单向复合材料自然坐标系 $x - y$ 坐标轴方向与主轴坐标系 $1-2$ 不一致时，沿 $x - y$ 坐标轴方向与材料主轴方向成夹角 θ 的偏轴方向上热膨胀系数为

$$\alpha_1 = \alpha_x = \alpha_1 \cos^2\theta + \alpha_2 \sin^2\theta \tag{5-17}$$

$$\alpha_2 = \alpha_y = \alpha_1 \sin^2\theta + \alpha_2 \cos^2\theta \tag{5-18}$$

$$\alpha_{12} = \alpha_{xy} = 2(\alpha_1 - \alpha_2)\cos\theta\sin\theta \tag{5-19}$$

5.3.2.2　铺层设计

层合板由多个单向层以一定顺序和角度层叠而成，层合板角度与铺层的描述通过一定顺序的角度、符号和下标的组合实现。在仅有温度变化的条件下，层合板变形可以表示为

$$\begin{Bmatrix} \varepsilon_t^0 \\ k_t \end{Bmatrix} = \begin{bmatrix} \boldsymbol{A} & \boldsymbol{B} \\ \boldsymbol{B} & \boldsymbol{D} \end{bmatrix}^{-1} \begin{Bmatrix} N^t \\ M^t \end{Bmatrix} \tag{5-20}$$

式中　ε_t^0, k_t ——由于温度变化引起的中面应变和曲率变化;

　　　　A——平面内刚度或拉伸刚度矩阵;

　　　　B——平面内变形与弯曲的耦合;

　　　　D——扭转(或弯曲)刚度矩阵。

A、**B** 和 **D** 矩阵是各层合板的弹性特性及其相对于层合板中面位置的函数。

层合板的宏观广义热膨胀系数可以用 $\varepsilon_t^0/\Delta T$ 和 $k_t/\Delta T$ 表示。

当 **A**、**B** 和 **D** 矩阵满足某些特殊特定条件时,可以得到具有不同的特性的层合板,包括:

(1) 对称层合板

各个铺层以中面为对称面的层合板称为对称层合板,如 0/90/90/0＝(0/90)ₛ。对称层合板 **B** 矩阵为 0,弯曲和拉伸是解耦的,即面内载荷与面外载荷的作用相互独立。对称层合板最大的优点是不会出现热(或湿)翘曲变形,是尺寸稳定结构设计中最常采用的铺层形式。除非有特殊要求,层合板都应采用对称铺层设计。

(2) 反对称层合板

各个铺层关于中面非对称,但关于 x 轴(或 y 轴)旋转对称的层合板称为反对称层合板,如 45/−45。反对称层合板在面内具有正交各向异性,没有拉剪耦合效应,也没有弯曲和扭转耦合效应。

(3) 平衡层合板

平衡层合板是指除 0° 和 90°(平行于 x 或 y 轴)以外的所有角度的层合板仅以 ± 对的形式出现,如 0/＋40/−40/90。

(4) 正交层合板

仅由 0° 和 90° 铺层方向构成的层合板。需要注意的是,正交层合板很容易受到微裂纹的影响。

(5) 角度层合板

不包含 0° 和 90° 铺层方向构成的层合板。角度层合板一般用于满足在特定方向具有预定特性的设计目的。

(6) 准各向同性层合板

A 矩阵是各向同性的,但 **B** 矩阵不为零,存在面内和面外的耦合,如 (0/±45/90) 或 (0/±60) 形式的铺层。

尽管理论上存在无穷多的角度铺层组合,但工程经验表明,从满足设计和制造的角度出发,上述几种层合板基本上覆盖了当前工程应用的绝大多数层合板铺层设计。

5.3.2.3　零膨胀层合板

在以温度载荷为主的尺寸稳定结构设计中,最理想的设计状态是使得复合材料具有零膨胀特性。因为碳纤维一般沿纵向的热膨胀系数是负的,基体的热膨胀系数是正的,这样,就可以利用复合材料的可设计性,从原料组分、含量、工艺、铺层、构型各个角度对复合材料开展优化设计,使得理论上"零膨胀系数"材料或结构成为可能。

5.3.2.3.1　全方向"零热膨胀系数"的设计

全方向"零热膨胀系数"是指在中面内任何方向上的热膨胀系数均为零，显然，相当于在中面内具有各向同性的热膨胀系数性质。实现全方向"零膨胀系数"的条件，即为在满足各向同性热膨胀系数层合材料条件的基础上，令膨胀系数为零。

层合料中面具有各向同性热膨胀系数性质的条件为：

1）叠层材料总层数 $n \geqslant 2$；

2）各层的材料性质和厚度均相同；

3）各层纤维方向按下列次序排列

$$\theta_k = \frac{\pi(k-1)}{n} \quad (k=1,2,\cdots,n) \tag{5-21}$$

此时等效的各向同性热膨胀系数 α_0 为

$$\alpha_0 = \frac{\alpha_1 E_1(1+\nu_{21}) + \alpha_2 E_2(1+\nu_{12})}{E_1 + E_2 + 2\nu_{12}E_2} \tag{5-22}$$

令 $\alpha_0 = 0$，可以得到实现层合板全方向"零热膨胀系数"的基本条件

$$\alpha_1 E_1(1+\nu_{21}) + \alpha_2 E_2(1+\nu_{12}) = 0 \tag{5-23}$$

为了满足式（5-12）的全方向"零膨胀系数"条件，有两种方法。

（1）选择合适的材料组分

碳纤维纵向热膨胀系数 α_1 为负值，且 $|\alpha_1| \ll \alpha_2$，$E_1 \gg E_2$，通过选择合适的纤维和基体材料的组分，有满足"零热膨胀系数"的条件的可能。

（2）调整组分材料比例

利用 α_1，α_2，E_1，E_2，ν_{12} 的各个微观力学计算公式，可以得到实现"零热膨胀系数"的最佳纤维体积含量 V_f 计算公式。

需要说明的是，尽管存在众多的数学模型用于描述各个材料参数的关系，但由于复合材料的组分材料、配比、成型、增强形式都非常复杂，截至目前为止，并没有某个数学模型能够适用于所有情况。这也导致虽然理论上可以设计全向零膨胀的层合板，但实际获得零膨胀产品则非常困难，往往工程上缺乏可实施性。

在前面的分析中，假设纤维只有一种材料，有可能从理论上就不可能实现"零膨胀"，为此，一些学者提出了通过多种纤维组合实现零膨胀的设计方法，在零膨胀设计方面，具有了更好的可实现性。

5.3.2.3.2　单方向"零热膨胀系数"的设计

鉴于实际设计过程中，往往很难满足全方向"零热膨胀系数"要求的条件，工程中往往通过构型优化或任务分析，使得当材料单一方向满足零膨胀时即可实现整体结构的尺寸稳定性指标。如将高稳定结构设计为桁架或杆系，则当组成的杆件轴向为零膨胀，即可实现整体在温度变化环境下的尺寸稳定。因此，单方向"零膨胀系数"材料设计具有更好的工程可实施性。

在工程中，常用的铺层形式往往为正交铺层和 $\pm\theta$ 斜交铺层，此时 A_{16}，A_{26}，N_{xy}^t 均为零，中面内热膨胀系数为

$$\begin{Bmatrix} \bar{\alpha}_{1c} \\ \bar{\alpha}_{2c} \end{Bmatrix} = \frac{1}{\Delta t} \begin{bmatrix} A_{11} & A_{12} \\ A_{21} & A_{22} \end{bmatrix}^{-1} \begin{Bmatrix} N_x^t \\ N_y^t \end{Bmatrix} \tag{5-24}$$

则满足 x 方向为"零热膨胀系数"的条件为

$$\bar{\alpha}_{1c} = \frac{A_{22} N_x^t - A_{12} N_y^t}{A_{11} A_{22} - A_{12}^2} = 0 \tag{5-25}$$

即

$$A_{22} N_x^t - A_{12} N_y^t = 0$$

需要说明的是，A_{12}，A_{22}，N_x^t 和 N_y^t 均与具体的铺层方式相关，因此可通过优化铺层来实现零膨胀，但限于材料及工艺实现过程，往往无法实现绝对的零膨胀，需要根据精度要求使其尽可能趋近于"零"。另外，通常满足精度要求的铺层方式不止一种，还需要根据其他要求，如刚度、强度、稳定性等来确定最终的铺层方式。

5.3.2.4　翘曲

无论是全向零膨胀设计还是单向零膨胀设计，都是对于面内变形特性而言，当从三维角度，将层合板的面外变形也作为一个需要关注的要素时，层合板的设计又存在一些附加的特性需要关注，尤其是尺寸稳定性作为主要设计目标的时候。

正如 5.3.2.2 节所述，当层合板的铺层以中性面对称时，**B** 矩阵为零，此时面内和面外变形没有耦合，湿热载荷不会引起面外翘曲。因此，如果可能，尺寸稳定结构的铺层方式应尽量为对称铺层方式。此外，在非对称铺层中，也存在一类湿热载荷下不会产生面外翘曲的铺层组合，称为湿热曲率稳定耦合（Hydrothermally Curvature Stable Coupling，HTCC）铺层，铺层方式如下

$$\left[\theta^1, (\theta^1 + 90)_2, \theta^1, \theta^2, (\theta^2 + 90)_2, \theta^2 \right]_T, \theta^1 \neq \theta^2$$

就结构使用的不同目的而言，面外翘曲并不总是坏事。对于一些曲面结构、形状记忆的应用，利用面外翘曲特性进行有针对性的非对称铺层设计，可以取得良好的效果。

5.3.3　层合板连接设计

层合板连接分为机械连接、胶接以及同时采用机械连接和胶接的混合连接三种连接方式。因为二次胶接可能引入胶的热膨胀问题，机械连接可能引入金属连接件与复合材料之间的热变形匹配问题，所以，从尺寸稳定性设计的角度出发，应尽量采用共固化的形式构成结构的整体。机械连接和胶接的优缺点见表 5-1。

表 5-1　机械连接和胶接的优缺点对比

	机械连接	胶接连接
优点	1）便于质量检测； 2）能传递大载荷，抗剥离性能好； 3）允许拆卸和再装配； 4）没有胶接固化时的参与应力； 5）装配接触面无须进行专门清洁，连接质量容易保证	1）没有连接孔的应力集中，不需要连接件，连接质量轻，效率高； 2）密封、减振和绝缘性好； 3）可用于不同材料的连接，无电偶腐蚀问题

续表

	机械连接	胶接连接
缺点	1)连接孔处纤维不连续导致应力集中； 2)传递大载荷的连接孔附近需要局部加强，增加连接质量； 3)紧固件容易产生电偶腐蚀问题	1)连接工艺分散性大,连接质量控制难； 2)抗剥离能力差,不能传递大载荷； 3)胶粘剂存在老化问题,易受环境影响

5.3.4　关于层合板的设计要点汇总

根据经验，也积累了一些关于铺层角的设计原则以指导铺层角设计，包括[12-13]：

（1）有效承载

碳纤维沿纵向和横向具有不同的性能，应充分利用纤维纵向的高性能进行铺层角设计。应设计 0°层承受纵向载荷，±45°层承受剪切载荷，90°层承受横向载荷，避免基体直接受载。

（2）铺层顺序

同一方向的铺层角沿层合板方向应尽量均匀分布，不应过度集中，如果超过 4 层，容易出现分层。此外，层合板的面内刚度仅与铺层角组合有关，与角度排列无关，但当可考虑面外变形时，则变形与铺层角顺序有关。

（3）铺层数

相同厚度的层合板，铺层角组合与顺序相同时，理论上不同层数的层合板具有相同的刚度特性。例如总厚度 2 mm，单层厚度 0.1 mm 的 [0/+45/−45/90]$_5$ 铺层组合和单层厚度 0.05 mm 的 [0/+45/−45/90]$_{10}$ 铺层组合具有相同的宏观力学特性。但是，从减小铺层角不确定性对层合板宏观等效热膨胀系数的影响角度出发，更多的铺层更有利于减小不确定性的影响。

（4）对称性

除非特殊要求，应尽量设计为以中面为对称的铺层。在具有尺寸稳定性要求的零部件构型上，也应尽量设计为对称形式，避免出现面外或扭曲的变形模式。

5.4　夹层板结构

5.4.1　概述

鉴于目前在航天器结构中应用最广泛的夹层结构是蜂窝夹层结构，所以，本节主要叙述蜂窝夹层结构的设计。

蜂窝夹层板由上、下面板和中间的蜂窝芯子组成，面板与芯子之间采用胶粘剂胶接。面板为强度、刚度较大的薄板材料，芯子为蜂窝状轻质材料。其典型蜂窝夹层结构形式如图 5-2 所示。

当前，用于尺寸稳定结构的蜂窝夹层结构一般由碳纤维面板加铝蜂窝组成，如 GRACE 卫星的仪器安装板。但随着尺寸稳定性指标的提高，目前已有一些碳纤维蜂窝的

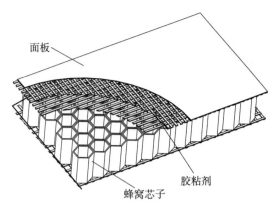

图 5 - 2　典型蜂窝夹层结构

夹层结构应用于尺寸稳定结构，如 GOCE 卫星的加速度计安装支架[14]。

一般结构的蜂窝夹层板具有如下优点：

1）比强度和比刚度高。较薄的上下面板与中间的蜂窝芯组成了一个高刚度、高强度、低密度的复合结构。

2）结构可设计性好。蜂窝夹层板由上、下面板和中间的蜂窝芯子组合而成，在结构设计过程中可以通过材料选择、设计参数优化达到特定的设计目的和性能需求。

3）表面平滑完整，适应于星上仪器、设备的安装。

4）结构形式简单，生产周期短，生产成本低。

5.4.2　蜂窝夹层结构设计要求

作为尺寸稳定结构的蜂窝夹层结构设计应满足的一般要求包括：

1）尺寸稳定性需求。蜂窝夹层结构在使用环境下，应具备保持其尺寸变化满足使用需求的能力。

2）强度需求。蜂窝夹层结构受力时不能产生结构破坏或影响使用的有害永久变形。

3）刚度需求。蜂窝夹层结构在承载单机或有效载荷时，其固有频率应大于规定值，且不会与星体其他结构出现频率耦合。

4）机械接口要求。蜂窝夹层结构应满足与其他结构以及安装于其上的仪器设备的安装要求。

5.4.3　面板设计

航天器结构中常用的面板材料有铝合金（如 2Al2T4）、碳纤维（如 M40）、凯芙拉（Kevlar）纤维和玻璃布等。为了避免蜂窝夹层板承载时的拉弯耦合效应以及制造固化过程后引起翘曲变形，上、下面板一般采用相同材料和相同厚度；如果采用复合材料，面板材料的铺层设计应以蜂窝夹层板中面对称设计，甚至为了进一步提高尺寸稳定性，每层的面板自身都应该采用对称铺层设计。

在航天器结构中常用的面板材料有：

（1）碳纤维树脂基复合材料

碳纤维是目前尺寸稳定结构中最常用的表板材料，包括 M40J、M55J、M60J 等牌号的碳纤维。树脂类型主要包括环氧树脂和氰酸脂等。

（2）凯芙拉纤维树脂基复合材料

为满足电磁波的透波要求，在天线等有电性能要求的蜂窝夹层板中，可选用凯芙拉纤维作为面板材料。

（3）铝合金

如 2A12T4，根据蜂窝夹层板承载情况不同，面板厚度从 0.15 mm 到 0.5 mm 或更厚。因为具有较高的热膨胀系数，所以，一般不在尺寸稳定结构中直接采用铝表板的蜂窝夹层结构，大多是在无尺寸稳定性要求或不影响尺寸稳定性的其他结构中使用。

对于由纤维这种各向异性材料构成的面板，其设计应遵循如下准则：

（1）优先选择高刚度材料

蜂窝夹层板作为一种复合结构，其宏观等效热膨胀特性由面板、胶和芯子的刚度与热膨胀系数共同决定，且这个宏观热膨胀特性又与材料中最高刚度材料的热膨胀特性相关性更强，所以，从夹层板自身尺寸稳定性的控制来讲，需要更高刚度的材料，以控制最终热膨胀特性。另外，作为星体结构的一部分，以尺寸稳定性为设计和使用目的的夹层板，在轨热变形过程中，不可避免受到其他结构变形的影响，只有自身具有足够的刚度，才有利于抵抗其他结构变形引起的夹层板自身的变形。

（2）面板的对称设计

为减少制造成型和受力过程中产生的翘曲，夹层结构的两个面板应该从几何和力学特性上都以蜂窝中面为对称。对于更高的尺寸稳定性要求，最好每层面板自身也是对称铺层，如 $[0/\pm45/90]_s$ 或 $[0/\pm60]_s$ 角度组合的铺层。

5.4.4　蜂窝芯子设计

蜂窝芯的设计包括材料选择和芯子形状与几何参数设计。

航天器结构设计中蜂窝芯子材料通常采用铝蜂窝芯子和凯芙拉纸蜂窝芯子，随着尺寸稳定性要求的提高，一些碳纤维材料的蜂窝芯也逐步获得应用，但目前昂贵的价格，限制了其大规模应用。芯子选择的主要依据是蜂窝夹层结构的应用场景。对于一般承载需求的结构，铝蜂窝芯应用较多，凯芙拉纸蜂窝应用于有透波需求的天线结构，碳纤维蜂窝主要应用于有特别高的尺寸稳定性需求的结构。

蜂窝芯子形状有正六边形、长方形等，通常采用正六边形蜂窝芯子，如图 5 - 3 所示。选定形状之后，具体的设计包括芯子的壁厚、边长等几何参数。目前芯子的参数设计主要是考虑力学承载方面的需求，如抗压强度与剪切强度等，与尺寸稳定性相关的设计考虑不多。

5.4.5　连接设计

因为蜂窝夹层板承受集中载荷的能力较差，因此，与其他结构或其上安装的单机连接

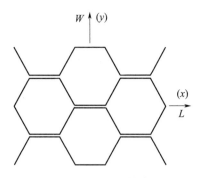

图 5 - 3　正六边形蜂窝芯格

一般是通过在连接位置埋入连接件，通过连接件上的孔或螺孔，采用螺钉实现，埋入的连接件称为"埋件"。连接的基本方式有两种，直接连接和通过角片连接。如图 5 - 4 所示。

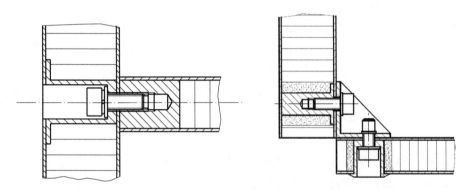

图 5 - 4　蜂窝夹层板连接形式示意图

埋件包括预埋件和后埋件两种。预埋件是在蜂窝夹层板制造完成前埋入夹层板内的埋件。在蜂窝夹层板固化成形前，用泡沫胶把预埋件与蜂窝芯子胶接，再与面板胶接、共同固化。预埋件的缺点是埋件位置在蜂窝夹层板制造前必须确定，固化成形后不能改变，灵活性较差。

后埋件是在蜂窝夹层板制造完成后埋入夹层板内的埋置件。在蜂窝夹层板固化成形后，在蜂窝夹层板上开孔，将后埋件埋入孔中，通过灌注胶粘剂进行常温固化。后埋件的优点是埋件安装位置灵活，制造工艺简单，操作方便；缺点是灌注胶用量大，引起结构重量增加，其连接强度和刚度略低于预埋件。

作为承载的埋件一般采用铝合金材料。当考虑尺寸稳定性时，需要考虑埋件材料与蜂窝夹层结构面板和芯子材料的匹配性。蜂窝夹层结构的尺寸稳定性面内主要由面板决定，面外主要由芯子决定。当面板与芯子材料不同时，应根据尺寸稳定性的需求方向，选择相应的材料。例如，当蜂窝夹层板作为面内变形控制的尺寸稳定结构时，埋件材料应与面板材料匹配。对于碳纤维复合材料面板，可以选择钛合金埋件、碳纤维埋件或殷钢埋件，以尽量保持材料性能匹配。

5.4.6　胶粘剂

蜂窝夹层板的面板与蜂窝芯子、埋件与蜂窝芯子、面板之间均通过胶接实现，因此，胶粘剂是蜂窝夹层板中的重要材料，它对蜂窝夹层板的力学性能和制造工艺性能有很大影响。与此同时，因为多数胶粘剂的热膨胀系数都比较大，因此胶粘剂也是结构尺寸不稳定性的最大来源之一。

胶粘剂对尺寸稳定性的影响表现在两方面：蜂窝夹层结构整体面内变形和埋件影响区域问题。

影响蜂窝夹层结构整体面内变形的主要是面板与芯子之间的胶层，因为胶粘剂热膨胀系数比较大，尽管其模量不高，厚度也不大，但其对蜂窝夹层板整体宏观热膨胀系数的影响仍然比较明显，以一个准各向同性铺层碳纤维为表板的蜂窝夹层结构为例，胶层对宏观热膨胀系数的影响超过 20％，因此对高精度尺寸稳定性设计来说，胶层的影响不能忽略。

在蜂窝夹层结构中的埋件附近，一般都需要填充胶，在胶粘剂附近，存在一个由胶粘剂和蜂窝夹层结构本体构成的一个宏观热膨胀系数较大的区域，这是一个从埋件中心由大到小逐渐过渡到蜂窝夹层结构本体的区域。经研究，对于普通小型埋件来说，这个影响区域半径大约是 3 cm[15]。因此，在尺寸稳定结构埋件附近的特性需要特别关注。如果蜂窝夹层结构埋件很多，或与精度要求高的连接位置与其他埋件距离过小，都可能产生不希望的变形影响。

从连接强度和刚度角度来讲，埋件周围胶粘剂的增加有利于提高局部承载能力，但与此同时也会增加局部胶粘剂对尺寸稳定性的影响，这一点是以承载为主要设计目的的蜂窝夹层结构与以尺寸稳定性为主要设计目的的一大区别，设计时应予以关注。

5.4.7　蜂窝夹层结构分析

根据分析目的和精度要求不同，蜂窝夹层结构有如下几种力学分析方法：

（1）三维精细模型

如果想对蜂窝夹层结构进行高精度变形分析，则需要将蜂窝夹层结构进行精细建模，建模的要求包括：

1）表板和蜂窝芯通过板单元建模，厚度和材料按实际情况进行设置。如果表板或蜂窝芯是复合材料夹层结构，则按照层板单元建模。

2）结构中埋件按照实际设计，三维模型建模。

3）建模过程中，考虑胶粘剂的影响。

（2）三维等效模型

将蜂窝芯进行力学等效处理，处理后，蜂窝芯假设为实体，采用三维实体单元建模，上下表板仍然采用板单元建模。

假设取芯子材料的弹性模量为 E 、剪切弹性模量为 G ，正六角形蜂窝壁厚为 t ，蜂窝边长为 l ，等效弹性常数可按下式计算[16]

$$E_z^C = \frac{2Et}{\sqrt{3}\,l} \tag{5-26}$$

$$E_X^C = E_Y^C = \frac{4Et^3}{\sqrt{3}\,l^3} \tag{5-27}$$

$$G_{XY}^C = \frac{8\sqrt{3}\,Et^3}{7l^3} \tag{5-28}$$

$$G_{YZ}^C = \frac{Et}{\sqrt{3}\,l} \tag{5-29}$$

$$G_{ZX}^C = \frac{\sqrt{3}\,Et}{2l} \tag{5-30}$$

式中　E_Z^C ——垂直于板面方向的弹性模量；

E_X^C，E_Y^C ——板面内 X，Y 两个方向的弹性模量；

G_{XY}^C —— XY 平面的剪切弹性模量；

G_{YZ}^C —— YZ 平面的剪切弹性模量；

G_{ZX}^C —— YZ 平面的剪切弹性模量。

其中，X 向为沿芯子的 L 方向，Y 向沿芯子的 W 向，Z 向垂直于夹层结构平面。

（3）二维等效模型

将蜂窝芯等效为二维正交异性材料，与上下面板组成层板结构，以二维结构模型进行分析。

在上述三种计算方法中，三维精细模型可以最大程度模拟蜂窝夹层结构的力学行为，但是，模型复杂，计算量大，不适合于进行整星规模的计算；三维等效模型可以降低计算建模和分析的工作量，能够反映蜂窝夹层结构沿厚度方向的力学行为，但结构中的埋件与芯子的相互作用模拟的精度不够；二维等效模型则只能模拟蜂窝夹层结构面内的力学行为，沿夹层板厚度方向蜂窝夹层结构内部的力学行为则不能模拟，埋件和蜂窝芯之间的相互作用也不能模拟，适用于精度要求不是特别高，或者在整星级模型下进行力学分析。

5.5　框架结构

5.5.1　框架结构类型

框架结构有如下几种形式：

（1）梁截面构建装配

零件单独制造，然后装配成形。零件可以是金属，也可以是复合材料，甚至是金属和复合材料的组合。装配件制造简单，成本低，在承力结构中得到广泛应用。但是，因为装配结构维形功能较差，连接环节往往引入复杂变形状态，因此，在高尺寸稳定结构中，较少采用装配结构。

（2）金属整体机加

通过对金属胚料整体机加而成。整体机加的框架结构材料大多采用铝合金、钛合金和镁锂合金等。整体机加框架整体刚度好，具有较高的尺寸维形能力，但无法加工结构形式特别复杂的结构，并且由于铝合金较大的热膨胀系数，在尺寸稳定结构中，金属整体机加的框架结构几乎不会采用铝合金材料。

（3）整体铸造

整体铸造的结构材料主要是铸造铝合金和铸造镁合金。铸造结构整体性好，具有良好的维形能力，同时，可以制造形状比较复杂的框架结构。但因为金属结构较大的热膨胀系数，因此，尺寸稳定结构一般不使用铸造框架结构。

（4）复合材料铺设

此处的复合材料铺设指的是框架结构整体或主体结构由复合材料铺设而成。航天器结构中多采用碳纤维/树脂基复合材料，因为具有较低的热膨胀系数，因此，碳纤维复合材料铺设的框架结构是航天器中应用比较广泛的一类尺寸稳定结构。

（5）增材制造

增材制造非常适合于制造框架结构，目前，金属、复合材料都可以作为增材制造的基本材料。因为具有可以制造比较复杂的形状、性能可设计和轻量化的特点，所以，尽管目前应用不多，但未来增材制造在尺寸稳定结构设计中必大有可为。

5.5.2　框架结构设计要求

框架结构的设计要求如下：

1）具有较好的强度，满足各种环境下的承载要求，尤其是大型有效载荷或舱段连接局部的强度要求；

2）具有较好的刚度，满足整星和载荷安装局部的固有频率要求；

3）应合理设计传力路径，确保集中载荷和分布载荷之间的合理传递与转换；

4）具有较好的尺寸稳定性，在各种环境下，维持其几何外形和尺寸精度的要求；

5）截面设计应考虑成型工艺的限制，如整体机加对截面形式的约束，铸造成型对最小尺寸的约束等；

6）尽量采用一次成型技术，减少二次连接环节产生的尺寸稳定性问题。

对于由复合材料层合结构铺设而成的框架结构，设计时，应注意如下的原则：

1）结合力学承载与尺寸稳定性综合要求，设计宏观构型；

2）根据尺寸稳定性要求以及接口形式，设计基本单元截面构型；

3）根据尺寸稳定性的铺层角、种类、数量和单层厚度等参数以及单元构型，形成合理的铺层设计；

4）碳纤维复合材料本体结构构型优先考虑整体成型的构型，在主体结构中尽量减少拼装状态的出现，从而降低因纤维不连续或主体构型零件间胶螺连接因素导致的仿真不准确的问题的出现；

5）铺层设计要考虑工艺实施过程中导致的角度转折和纤维搭接对尺寸稳定性的影响，为确保尺寸稳定性在整个结构上的均匀稳定，必须形成合理的纤维连续性设计，确保断点最少，对于不可避免的断点，应在整体构型中对称设计，并明确纤维的拼接形式要求；

6）接口区的设计，以局部承载为主要考虑的因素进行设计，但为降低局部结构不连续带来的尺寸稳定性影响，在局部强化的设计过程中，需减少异种材料使用的数量与尺寸，尽可能选择低热膨胀系数的材料或者与本体结构用碳纤维复合材料的热膨胀系数相近的材料，可选择金属材料与复合材料交替的设计形式。

5.5.3　框架结构设计

目前在航天器结构中，框架结构一般采用金属整体机加、铸造或者复合材料铺设成型，近年来，一些增材制造的框架结构也逐渐得到应用。下面就目前应用比较成熟也比较广泛的金属机加（铸造）和复合材料铺设框架结构设计进行介绍。

5.5.3.1　金属整体机加或铸造

因为成型工艺不同，金属整体机加和铸造结构的设计存在差异。主要是受到工艺能力的限制，某些截面的框架结构铸造成型是可行的，但整体机加不可行，反之亦然。但是，虽然加工方法不同，但产品性能类似。从设计角度看，两者存在很多的共同点。金属框架结构因为有比较大的热膨胀系数，在高尺寸稳定结构中较少采用，但在尺寸稳定性要求不是很高的场合，还有比较广泛的应用。例如资源三号的载荷舱顶部构架，高分二号和资源二号载荷舱底板，都是镁合金铸造成型。图5-5是资源二号卫星的载荷舱底板。

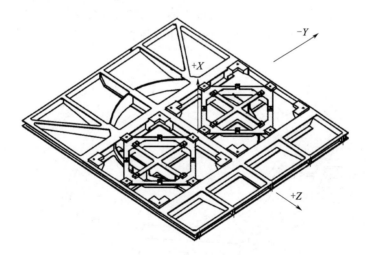

图5-5　资源二号卫星的载荷舱底板

板式框架结构主要通过梁件承受弯曲载荷和剪切载荷，其截面的设计原则是使之能够承受尽可能大的弯曲载荷和剪切载荷。梁截面有"工"字形、"C"形、"L"形和"T"形等几种形式。其中，"工"字形和"C"字形截面的惯性矩最大，尤其是"工"字形截面的腹板对翼板的支撑好，截面对称性好，翼板局部稳定性好，是板式框架结构设计中使用最多的梁截面。

板式框架结构的连接设计有两种方式：

1）通过螺栓-螺母与其他结构件或有效载荷进行连接，框架上预留通孔；

2）在框架结构连接孔中镶嵌钢丝螺套或安装钢制沉套，形成螺纹连接，通过螺钉连接其他结构或有效载荷。

需要说明的是，因为铝合金或镁合金的框架架构相对来说是一种比较软的基材，抗磨损性能差，与其他结构的连接一般不通过在梁上直接制螺纹的方式实现。

5.5.3.2 复合材料框架结构设计

复合材料框架结构是将单层的无纬布（或织物）通过铺层和模压而成。因为各向异性以及成型方式的不同，使得复合材料铺设成形与金属铸件（或机加）成形结构的性能和设计方法存在特别大的差异。金属结构的特性主要由材料特性决定，但复合材料框架结构特性与材料特性、铺层角、局部连接方式等都有关。

在"工"字形截面梁件的设计中，为提高抗弯刚度，翼板铺层应以0°为主，为使翼板具有较好的整体性以及打孔的需要，可以适当增加±45°的铺层。腹板主要是承受剪切载荷，固腹板的铺层以±45°为主，适当增加0°层。

在复合材料梁的交叉部位，很难保证两个方向的纤维都连续，此时可采取局部外贴纤维层或增加局部角盒的方式进行加强。

在某遥感卫星中，同时支撑相机及高精度星敏感器的高稳定性载荷适配结构，需要具有保证载荷指向的高精度及在轨保持稳定不变的尺寸稳定性能，这一结构是典型的高稳定性载荷适配结构，此结构是整体构件，通过主体结构的连续性保证宏观尺寸稳定性和较好的刚度性能。载荷适配结构主体结构设计形式如下图5-6所示。

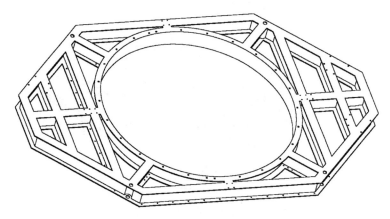

图5-6 载荷适配结构主体结构示意图

在设计过程中，充分利用了碳纤维复合材料的可设计性，通过合理铺层设计，在不同位置分别设计低膨胀的"工"字形和"C"形截面梁，如图5-7所示。

在载荷适配结构构型中存在方圆过渡，这种构型的过渡必然导致连续纤维设计是不能实现的，而连续性铺层设计又是尺寸稳定性设计的基础，为设计尽量少的断点，并且实现断点的对称性，开展如下断点位置设计，如图5-8所示。随着构型形状和走向角度的转换，在图中1、2位置设计断点，断点数量较少，且断点对称，避免了不必要的非对称性应力。

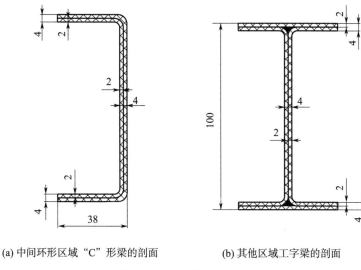

(a) 中间环形区域 "C" 形梁的剖面　　　　(b) 其他区域工字梁的剖面

图 5-7　载荷适配结构典型单元构型示意图

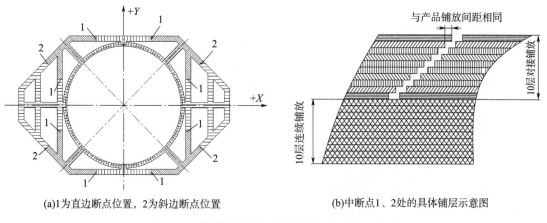

(a)1为直边断点位置，2为斜边断点位置　　　　(b)中断点1、2处的具体铺层示意图

图 5-8　载荷适配结构翼板铺层断点位置示意图

5.5.4　连接设计

尺寸稳定结构设计不止是主结构需要具有高的尺寸稳定性，埋件对尺寸稳定性的影响也不容忽视。埋件的热膨胀会对尺寸稳定结构的面内宏观等效热膨胀系数产生影响。埋件对面内尺寸稳定性的影响与埋件材料、埋件间距等因素有关，因此，在选择埋件材料、设计埋件间距时，必须考虑对尺寸稳定性的影响。尽量选择热膨胀系数小的材料加工的埋件，并尽量减少埋件的数量，增加埋件间距。

某天线适配结构中各零件间典型连接关系如图 5-9 所示，天线外连接件穿过天线适配结构本体翼板及天线连接角盒与天线连接角座螺纹连接成整体，各零件之间使用胶接加螺纹连接，施加拧紧力矩，在与天线适配结构本体完成部装后，需在螺钉螺母处涂胶，进行全螺纹封胶处理；结构连接垫片与结构隔热垫分别胶接在天线适配结构本体翼板上下表面，用胶进行胶接。

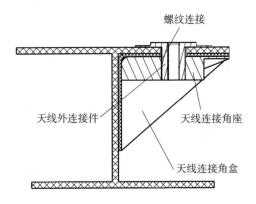

(a)天线适配结构本体与天线外连接件连接关系

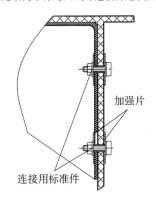

(b)天线适配结构本体与天线连接角盒加强片连接关系

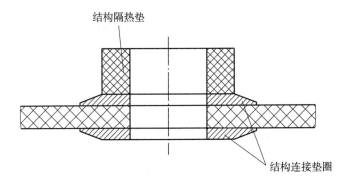

(c)天线适配结构本体与结构连接垫圈、结构隔热垫连接关系

图 5-9　天线适配结构各零件间典型连接关系图

5.6　杆系结构

5.6.1　概述

杆系结构的特点是，承受传递集中载荷能力强，局部强度高，结构的合理性非常依赖于构形的合理性。

杆系结构的形式可以按其不同的特征来分类。

首先杆系结构中的杆件可按几何形状分为直杆和曲杆。直杆包括常用的梁、柱、轴等；曲杆最常见的是拱，也可以是环形梁。

杆系结构按节点形式可分为桁架和刚架。桁架是由直杆和铰节点组成；刚架是由杆和刚节点组成。此外，还有两种节点并存的混合形的构架。在桁架中，若载荷只作用于节点，则各杆件只承受拉力或压力，但实际结构中的节点不完全符合铰接要求，则杆件内力除了以轴力为主之外，还存在局部的弯曲应力和剪应力。在刚架中，杆件主要承受力矩，但也承受轴力和剪力。

杆系结构按所受约束可分为静定的杆系结构和静不定的杆系结构。其中桁架可分为静定桁架和静不定桁架，而刚架一定是静不定结构。

杆系结构按几何特征可分为平面杆系结构和空间杆系结构。全部杆件和全部载荷均处于同一平面之内的，称为平面杆系结构；不处于同一平面内的，称为空间杆系结构。

不论采用何种形式，稳定的杆系结构才是有用的结构。稳定的杆系结构中，每个杆件必须为任何节点作用载荷提供一个轴向载荷路线，杆件的端点也必须有足够的自由度支持，才能在任何方向上抵抗力和力矩，从而达到稳定。

杆系结构采用桁架设计还是刚架设计没有一定的要求，需要综合考虑刚度、振动模态及结构质量等因素来确定。总的来说，桁架比刚架更有效，采用桁架设计往往可以达到较高的结构效率。但刚架设计也有其优点，在降低效率的代价下（增加了额外的杆件），可以设计一种静不定的冗余结构，在某个杆件失效的情况下，保持整个刚架不会失效，仍可满足要求。但是，对于重量很关键的结构，桁架是比较好的设计形式，因为它以最少的杆件数量来实现结构稳定。另外，刚架设计采用了比需要更多的杆件，增加了分析的不确定性，同时使制造和试验复杂化。

5.6.2　杆件设计

在确定了杆系结构最佳的构形之后，就可以确定稳定杆系结构所需的杆件截面。

首先要分析杆件受拉还是受压。对于拉伸杆件，只要使设计应力等于或小于材料的屈服或极限应力，即只要提供足够的横截面积保证杆件不破坏就可满足要求。然而对于受压杆件，还要考虑稳定性，必须选择截面使杆件保持稳定。

一般情况下，结构载荷由振动的激发产生，既有拉又有压；而在发射主动段，发动机推力沿航天器轴线产生稳态的压缩载荷，这样，大多数杆件由压缩载荷来确定截面尺寸。

圆管对压缩载荷是最有效的杆件，但要用比较复杂的接头进行连接。

除了金属圆管，还可以设计复合材料缠绕圆管，用机加的金属连接接头与杆件的端接头连接，亦可以用胶接的形式把复合材料管胶接到端接头上。要注意的是，如果端接头与连接接头不是采用铰接或球形轴承，则由于碳纤维/环氧材料不具有金属材料的延性，端力矩会降低杆系结构的强度。

杆件设计主要的形式可以概括为以下几种：

1）金属挤压管。截面多为圆形或方形，也可以是开口形状的截面。采用圆形截面效率最高，整体杆系结构可以得到最轻的结构质量。采用方形截面可以灵活地适应安装操作空间，有时为了得到某一方向上更多的净空间，甚至牺牲结构效率采用长方形截面设计，使长边垂直于所需要的净空间方向。采用开口形状截面效率最低，可用于对杆件抗扭要求不高的设计中，以及对杆件有特殊的开口操作要求的地方。

2）层合复合材料管。截面多为圆形或方形，由于缠绕工艺问题较少使用开口形状的截面。同样，采用圆形截面可以得到最高的结构效率，而采用方形（或长方形）截面可以满足特殊的安装操作空间的需要。

3）机加的开口截面杆件。截面可以采用易于机加的槽形、工字形或角形等。

4）由板材整体机加的平面杆系结构。特别需要注意的是，这种形式只适用于平面的杆系结构，但其优点是可以避免复杂的接头设计，可以得到比装配件更高的整体精度。

目前，航天器上的杆系结构除了采用传统的金属材料外，更多采用先进复合材料，特别是碳纤维增强复合材料。复合材料杆的设计较金属杆要考虑更多的因素，但是复合材料杆的可设计性也正是其优点。

杆主要承受轴向载荷，为充分利用复合材料的各向异性特性，增强纤维主要顺轴向（0°方向）布置，这样杆的拉伸强度高，有较高的纵向刚度和整体稳定性。但杆受压时，还可能发生局部屈曲，因此，杆的周向也要增强，90°层可产生较高的周向刚度，而±45°层可增加其扭转刚度，在提高稳定性方面比90°层更有效。另外，从制造工艺出发，也必须有非0°层。

为了尽量减轻结构重量、提高结构刚度，杆件截面往往在轴线方向上会根据需要发生参数变化，比如截面外径、铺层厚度等。对于桁架杆件，杆件可以使用两端修尖的构形。对于根部受弯的悬臂梁或其他刚架杆，端部往根部参数设计往往渐渐变粗、变厚，以确保相应的结构参数与对应的承受弯矩对应。

在选用变截面或较厚的复合材料层合结构的时候，需要考虑成型模具加压工艺可实施性，以确保结构成型均匀，承载可靠。

在选用复合材料层合结构的时候，还需要考虑因为温度的影响所带来的材料性能的变化和热应力等因素所带来分层酥松缺陷产生的可能性。

（1）强度计算

在考核杆件强度的时候，一般需要考虑轴向力作用下的杆的正应力、扭矩作用下杆的剪切应力、轴向力与弯矩联合作用下的杆的正应力不超过对应杆件材料的许用应力。

（2）受压杆件的弹性稳定性计算

受压杆件还需要考核稳定性问题，通过杆件的长度、截面、边界条件等参数获得相应工况下的临界载荷。

5.6.3　接头设计

（1）接头设计的重要性

接头的作用是把两根或更多的杆件连接在一起，或者把杆件与其他结构相连，以便在杆件之间或杆件与其他结构之间传递载荷，必须采用接头才能形成实际的杆系结构。因此，接头设计在杆系结构设计中非常重要，其重要性有时甚至超过杆件本身，这是因为：

1）接头上的载荷比杆件要复杂得多，一般存在较集中的弯矩和剪力，因此接头是保证杆系结构强度和刚度的关键部位。

2）接头的构型比杆件要复杂得多，特别是在空间杆系中或连接位置较特殊的情形。

3）接头的重量往往在杆系结构中占较大比例，因此为了减少杆系结构的重量，降低接头重量可起到很重要的作用。

（2）接头形式

杆系结构可以采用胶接接头、螺接接头和焊接接头三种形式，也可采用胶接和螺接结合的接头形式。

（3）接头设计的注意点

在设计胶接接头时，需要了解所胶接的杆件材料（特别是复合材料）的基本特性，如强度、弹性模量、线膨胀系数、最大延伸率和化学成分等，以及工作环境的温度和湿度条件，以便选择相适应的胶粘剂材料；设计中尽量使整个胶接连接区域承受载荷，并且主要承受剪切载荷；最佳胶接的胶层厚度范围约在 0.1 mm 至 0.25 mm 之间，对于一些胶层厚度不敏感的胶而言，胶层厚度可以适当放大。

在设计复合材料杆的螺接接头时必须很小心，以避免层间或剪切破坏，因此复合材料杆件的连接通常不采用螺接接头。

焊接接头一般用于较大载荷的金属杆件连接，接头与金属杆件采用焊接，而与其他相邻结构则可以采用螺接。焊接接头的实际受力状态比较复杂，并且焊接的热影响会造成材料强度的下降，因此，焊接接头设计应该采用较大的设计安全系数。

5.7　外部连接构型设计

在有较高尺寸稳定性要求的航天器结构设计中，为避免外部变形对结构尺寸稳定性的影响，尺寸稳定性结构与外部航天器主结构之间必须是变形解耦的。如果支撑结构的约束力分布可以完全由静态平衡方程求得，则该结构是静定的。静定的支撑方式称为运动学安装。

尺寸稳定性结构作为一个三维空间结构，可能存在 6 个刚体运动自由度，因此要求 6 个约束，存在 6 个平衡方程用于确定 6 个力。图 5 - 10 显示了静定的三组约束，是典型的三种运动学安装方式，其中图 5 - 10（a）没有对称性，5 - 10（b）有一个对称平面，而 5 - 10（c）有轴对称的三个平面。

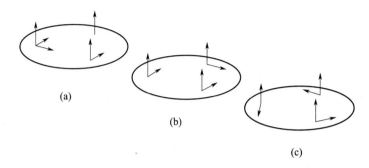

（a）

（b）

（c）

图 5 - 10　尺寸稳定性结构的运动学支撑安装

静定结构的优点不只是求解容易，还在于它可以把支撑特性与光学内部特性进行解耦，这个解耦效应对于高精度结构是非常重要的。对于静定安装来说，支撑运动引入的误差只有指向误差，无成像质量误差。

正如图 5 - 11（a）所示，与 5 - 11（b）冗余支撑对比，静定支撑运动引起结构的无应变刚体运动。这个支撑的位移可以是机械的，也可以是温度的，可以是动态的也可以是静态的。初始缺陷、制造误差和公差累积只引起刚体运动，没有形面失真。这种指向误差比成像质量误差更容易修正。在静不定设计中，即使均匀的温度改变，由于热膨胀系数的不同，也会引起应变和变形。

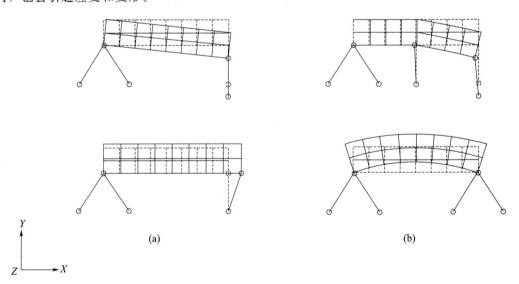

（a）　　　　　　　　　　　　　　　　　（b）

图 5 - 11　静定的运动学支撑安装与非静定安装对比

静定结构的缺点是系统中没有冗余，一个零件的失效会造成全系统的失效。在高精度的尺寸稳定结构设计中，静定支撑的使用是必要的。如果运动学安装结构不能承受主动段等载荷，此时有必要采用在发射过程中锁紧、入轨后解锁的支撑方式。

参 考 文 献

［1］ 陈烈民. 航天器结构与机构［M］. 中国科学技术出版社，2005.

［2］ 柴洪友，高峰. 航天器结构与机构［M］. 北京理工大学出版社，2018.

［3］ 袁家军. 卫星结构设计与分析［M］. 中国宇航出版社，2004.

［4］ Merkowitz S M, Castellucci K E, Depalo S V, et al. Current LISA spacecraftdesign ［C］//Journal of Physics：Conference Series. IOP Publishing，2009，154 (1)：012021.

［5］ Kornfeld R P, Arnold B W, Gross M A, et al. GRACE - FO：the gravity recovery and climate experiment follow - on mission ［J］. Journal of spacecraft and rockets，2019，56 (3)：931 - 951.

［6］ 高洪涛，罗文波，史海涛，莫凡，李少辉，张新伟，刘希刚，曹海翊. 资源三号卫星结构稳定性设计与实现［J］. 航天器工程，2016，25 (06)：18 - 24.

［7］ 钱志英，罗文波，殷亚州，张玲，白刚，蔡铮，傅伟纯，卢清荣，张新伟，赵晨光. 高分七号卫星结构尺寸稳定性设计与验证［J］. 中国空间科学技术，2020，40 (05)：10 - 17.

［8］ Neam D C, Gerber J D, Aikens D M, et al. Structural design and analysis for an ultra low CTE optical bench for the Hubble Space Telescope corrective optics ［J］. International Society for Optics and Photonics，1992，1690：273 - 286.

［9］ 田文平，肖军，李金焕，等. 空间光学结构用改性氰酸酯树脂及其复合材料性能［J］. 航空学报，2016，37 (011)：3520 - 3527.

［10］ Younes R, Hallal A, F Fardoun, et al. Comparative Review Study on Elastic Properties Modeling for Unidirectional Composite Materials ［M］. 2012.

［11］ Zhiguo, Ran, Ying, et al. Determination of thermal expansion coefficients for unidirectional fiber - reinforced composites - ScienceDirect ［J］. Chinese Journal of Aeronautics，2014，27 (5)：1180 - 1187.

［12］ 陈建桥. 复合材料力学［M］. 华中科技大学出版社，2016.

［13］ 王耀先. 复合材料力学与结构设计［M］. 华东理工大学出版社，2012.

［14］ Slyvynskyi I, A. F. Sanin, A. V. Kondratyev, et al. THERMALLY AND DIMENSIONALLY STABLE STRUCTURES OF CARBON - CARBON LAMINATED COMPOSITES FOR SPACEAPPLICATIONS ［C］// 65th International Astronautical Congress. 2014.

［15］ STOP Analysis & Optimization of a very Low - Distortion Instrument HST WFC3 Case Study.

［16］ 夏利娟，金咸定，汪庠宝. 卫星结构蜂窝夹层板的等效计算［J］. 上海交通大学学报，2003 (07)：31 - 33.

［17］ Lee K J, Oh H U, Jo M S, et al. Verification of Optical Payload Cfrp Structure for Satellite Through Analysis and Space Qualification Test. 28th International Congress of the Aeronautical Sciences.

第6章　分析一般过程

6.1　概述

航天器结构尺寸稳定性受到机械载荷、温度、湿度、真空、辐照等多方面的影响，其性能指标的分析计算还涉及光机电热等多学科的知识。以 GRACE 卫星为例，为减小测量干扰，卫星质心位置应该是精确的理论中心，但是，由于各种客观因素的影响，其质心位置受到质心测量误差、残余不平衡、贮箱安装与容量偏差、1g/0g 效应的重力与温度变化、复合材料湿气释放过程中的尺寸变化与质量损失等多因素的影响。在引起尺寸稳定性变化的各种影响因素中，有些是可以计算量化的，如热弹性变形、$1g \sim 0g$ 的过渡（即重力释放）和湿气释放引起的卫星结构的变化，但是，还有一些是难以量化的，如发射或运输过程中潜在的螺栓微小滑动以及可能产生的蠕变、材料的老化（包括如材料的内部应力释放或内部微蠕变）等，这些因素的影响可能是短期可恢复的，也可能是永久不可恢复的，这取决于卫星尺寸稳定性指标的定义。

6.2　尺寸稳定结构分析的目的

按照航天器常规研制流程划分，尺寸稳定性分析（Dimensional Stability Analysis，DSA）的目的在不同的研制阶段存在差异：

在方案阶段，主要是识别影响因素，得到尺寸稳定性对不同影响因素的灵敏度，为尺寸稳定性设计提供依据，通过初步计算得到尺寸稳定性的指标符合情况。

在初样阶段，主要是从分析角度为尺寸稳定结构详细设计提供构型、尺寸和材料参数选择依据，为热稳定性试验进行试验预示，评估尺寸稳定性的初样设计指标。

在正样设计阶段，主要是以初样设计为基础，针对正样设计状态，对航天器尺寸稳定性进行全寿命、覆盖全工况的分析，确认尺寸稳定性指标对总体要求的符合性。

未来的趋势是将根据在轨直接或间接测量的数据，对在轨尺寸稳定性进行在轨测量或计算反演，得到航天器的在轨尺寸稳定性实际性能。

6.3　尺寸稳定结构分析内容

尺寸稳定性分析包括两大类：

（1）常规力学分析

结构分系统作为航天器的服务系统，首先应该满足强度刚度要求，保证在地面操作、运输、发射以及在轨或返回过程中不会发生破坏并避免出现对航天器执行任务产生不利影响的变形。常规力学分析包括过载分析、模态分析、正弦响应分析、随机响应分析等[1-2]。此处的力学分析并不能直接回答尺寸稳定性指标，但是，航天器结构的力学性能对尺寸稳定性的影响是直接且明显的。如作为尺寸稳定结构的设计，应具有更高的刚度，这直接与航天器整器或与尺寸稳定结构的局部模态有关，较高的模态有利于抑制不利变形的出现。这也体现了尺寸稳定性问题的系统性。

（2）尺寸稳定性分析

尺寸稳定性分析则直接得出航天器结构的尺寸稳定性指标。常规力学分析与尺寸稳定性都包括三方面的内容：模型建立、载荷识别和指标计算。但两者存在较大的差异，主要差异见表 6 - 1。

表 6 - 1 常规力学分析与尺寸稳定性分析对比

比较项目	常规力学分析	尺寸稳定性分析
模型建立	采用有限元建模方法，有比较成熟的模型建立方法和检验规则	采用有限元建模方法，尚无比较统一的模型建立和检验规则。相比常规力学分析模型，通常需要对结构及相关设备进行细化建模
载荷识别	载荷项目和工况建立有相对成熟的规范	载荷项目和工况由于航天器平台、有效载荷、工作模式、总体要求的不同，存在非常大的差异，导致制定正确的载荷项目和工况变成一项具有挑战性的容易出现错误的工作
结果分析	有比较成熟的商业软件，可直接求解。计算结果正确性容易验证	需要对有限元软件得到的结果进行进一步计算，甚至需要将有限元结果送入其他学科软件作为输入，进行进一步计算，计算方法复杂，结果正确性不易验证

6.4 模型建立

当前，有限元是航天器结构尺寸稳定性分析的主要方法。有限元模型的建立一般被称为是一个结构理想化的过程。它是通过将航天器三维结构与一些数学和物理概念建立关联，将三维结构简化为数学的点、线、面和体，将外界作用简化为力和位移以及各种边界约束或载荷条件的一个过程。

一般而言，计算精度随模型的精细程度而提高，但是，计算所需的资源和时间也急剧增加，因此，一个好的理想化模型一定是精细程度与计算效率处于最佳平衡状态的模型。理想化结构与实际结构不尽相同但同时又保持了原结构在受力和传力过程中的主要力学特性，这是理想化模型是否合理的一个标志。

模型理想化包含如下步骤[3]：

（1）确定几何特征

确定是以 0 维（点）、1 维（线）、2 维（面）还是 3 维（体）作为几何特征来描述模型。确定的几何应既反映结构的特征，也能够反映结构的受力特征。需要说明的是，维数的增加意味着结构描述精细程度的增加，但是，从力学分析的角度，维数的增加并不一定意味着精度的增加，可能在增加计算量的同时，精度甚至反而下降。例如，对于一个厚度远远小于面内尺寸的板壳结构，采用三维建模计算的精度可能并不比 2 维板壳单元计算得到的精度更高，而计算时间则大大增加。而一个板壳结构到底是用 3 维结构还是 2 维结构建模，需要从计算精度、计算目的、计算效率等多方面综合考虑。

（2）确定连接和边界条件

航天器结构由多个构件组成，各个构件之间，星体结构与连接边界之间，都存在连接的合理模拟问题。当部件之间连接通过铰链或关节之类的机构进行连接时，其连接刚度的模拟尤为重要，如果对连接机构不能建立反映真实状态的几何模拟而采用简化的连接模型进行连接时，其刚度数据必须通过试验进行测量。与外部的连接边界不能简单直接以固支处理，必要时应考虑边界的连接刚度以及连接局部的几何特征对边界模拟的影响。在常规有限元分析中的连接部位，往往大量采用 MPC 模拟连接关系，这个简化一般不会对结果的精度产生太大的影响，但是，如果需要研究连接对尺寸稳定性的影响，尤其是涉及连接位置的一些诸如平面度等物理量的计算，则 MPC 可能会给出错误的分析结果。

（3）确定有限元单元类型

航天器结构尺寸稳定性分析多是结构线弹性分析，包括点单元、弹簧元、杆单元、梁单元、板壳单元和体单元模拟。不同类型单元之间的连接必须协调，特别是梁单元与板单元连接以及板单元与体单元的连接，需要注意自由度匹配问题。单元的选择应注意单元特性对力传递的模拟是否符合结构的实际情况。例如 1 维结构，如不传递弯矩，则可以用杆单元模拟，而如果是需要传递弯矩的结构，则必须用梁单元模拟。

（4）单元划分

在划分单元时，对初步判断可能出现应力集中的区域细化网格，而在应力变化平缓的区域单元可划分的粗一些，并且注意单元由小变大，逐步过渡。几何特性或物理特性突变处划为单元边线。在常规有限元分析中，一些单机往往采用 MPC 加集中质量点的方式进行模拟，这在尺寸稳定性分析中，也会引入额外的计算误差，需要小心处理。

（5）材料与单元特性

单元特性由材料特性和单元特性描述。材料特性用密度、弹性模量和热膨胀系数等力学和物理属性描述。单元特性则与单元的几何属性相关，如梁单元的截面和方向定义以及板单元的厚度定义等。

（6）模型检验[4]

进行正确分析的前提是有一个正确反映结构力学特性的模型，因此，对模型进行校验是进行正式分析之前必须进行的步骤。一般力学分析模型检验的内容包括：

①单元几何正确性检查

检查单元连接是否正确（是否有多余边界），是否存在重复单元，板壳单元法线指向、梁单元指向和截面属性，复合材料铺层角等信息的正确性。

②质量特性检验

检验模型的质量、质心和惯量信息是否与实际产品一致。

③自由模态检验

自由模态检查又称零频检查。检查时进行无约束模型的自由模态分析。正常的模型应该是前 6 阶模态近似为 0，从第 7 阶开始不为 0。如果 0 模态少于 6 个，则说明模型有多余的约束，如果自由模态有多于 7 个的 0 模态，则模型存在多余的自由体。项目和建议指标见表 6 - 2。

表 6 - 2　零频检验的内容和建议指标

检验内容	推荐指标值/Hz
六阶刚体模态频率	<0.005
刚体频率最大值、弹性模态频率最小值	$<1 \times 10^{-4}$

④1g 载荷检查

对结构施加 1g 的惯性加速度，求解后，如果约束力总和与模型重量相等，则模型通过 1g 检查。

⑤单位位移检查

去掉有限元模型的所有约束，给模型分别沿三个轴向平动和转动的单位位移，计算结果所有单元应变应为一微小量。

对于热变形尺寸稳定性分析模型，还需要补充进行零膨胀检验、等温膨胀检验等，详见 7.2.4 节介绍。

6.5　载荷分析

6.5.1　载荷类型确定

航天器尺寸稳定性受到多因素的影响，在进行尺寸稳定性分析之前，必须进行载荷分析，确定影响尺寸稳定性的载荷类型。在进行载荷类型确定时，必须考虑尺寸稳定结构的工作环境、工作模式等因素，下面从载荷类型分析和选取的角度，对环境载荷类型的确定和选择进行介绍。

6.5.1.1　在轨环境因素

（1）温度效应

在轨温度交变是航天器尺寸稳定性影响的主要因素，因此，目前需要考虑的首要环境因素就是航天器在轨温度场分布情况。温度效应对尺寸稳定性包含两方面的影响。

①温度交变对热变形直接产生的影响

因为材料热膨胀效应的普遍存在，以及结构各部分热膨胀系数的差异，航天器结构在轨热变形呈现近似以轨道周期为变化规律的变形模式。这是进行热变形引起的尺寸稳定性计算问题的基本分析模式。

②温度交变对材料性能的影响

由于长期的温度交变作用，一些材料的性质会发生变化，比较典型的是树脂基复合材料，在长期温度交变的作用下，材料中会形成微裂纹，进而影响材料的宏观弹性模量和热膨胀系数等与尺寸稳定性有关的性能，此时的航天器结构尺寸稳定性计算应该评估预示这一效应的影响。

（2）吸湿性

因为湿度是尺寸稳定性的主要影响因素，航天器结构中树脂基碳纤维复合材料对吸湿性的敏感，使得针对这种材料的湿膨胀效应进行分析预示是必要的。与温度效应相比，吸湿性对航天器尺寸稳定性的影响效应在入轨后是短期和一次性的，如果尺寸稳定性的指标是相对的，且对入轨后短时间湿气排放影响可接受的话，吸湿性效应可不予以分析，否则应作为分析载荷进行效应的预示。

（3）辐照

目前，还很难计算辐照对尺寸稳定性的直接影响，但是，一些材料受到辐照后，其尺寸稳定性有关的材料特性会产生变化，这些变化的特性，会影响航天器结构的尺寸稳定性。因此，对于尺寸稳定结构，辐照也是应该考虑的因素之一。这与航天器热分析模型要考虑材料在寿命初期和寿命末期的差异是相同的道理。

6.5.1.2　地面操作载荷和发射载荷

地面操作载荷包括 $1g$ 重力载荷、运输载荷、起吊载荷等。这些载荷是否纳入计算工况，取决于尺寸稳定性指标的类型、有效载荷的装配和标定时机以及总体的具体要求。如果在轨尺寸稳定性指标是相对的且有效载荷具备在轨标定能力，则上述载荷可不归入尺寸稳定性的计算工况内，否则应逐项列入分析载荷工况进行分析预示。

6.5.2　载荷工况制定

在确定分析载荷之后，需要制定分析工况。载荷工况的制定需要考虑如下几点：

（1）有效载荷产品状态

以 $1g$ 重力载荷为例，重力载荷的计算不应只考虑地面停放状态的重力，还应该考虑整星装配过程中可能出现的不同坐标轴对地的情况，甚至因为产品翻转停放状态具体要求不同，可能还需要计算整星坐标轴与重力场成某一特定角度的重力分析。

（2）有效载荷在轨工作模式

在轨载荷工况的制定应该考虑有效载荷的不同工作模式下的尺寸稳定性。例如一些光学载荷的卫星可能会有不同的遥感成像模式，这些模式产生的在轨温度场是不同的，结果就是温度场对尺寸稳定性的影响与有效载荷的工作模式密切相关。

（3）最恶劣工况问题

与一般力学分析问题不同，尺寸稳定性分析对应的载荷形式复杂，工况数量大，很难直观判断最恶劣工况。以热变形分析为例，在轨热变形分析的温度场载荷是一空间分布载荷，热变形导致的航天器有效载荷性能变化与温度场分布、温度水平、有效载荷与航天器主结构连接刚度耦合特性、结构几何构型以及边界条件等多个因素均密切相关，所以在进行热变形分析之前，几乎不可能事先预知热变形分析的最恶劣工况是哪一个。工程经验表明，从边界条件角度看，热稳定性分析的最恶劣工况不一定是全约束边界条件，也不一定是自由边界条件；从载荷角度看，最恶劣工况与最高温工况、最低温工况、最大温差工况之间也没有必然关系。因此，比较妥当的在轨热变形分析策略是根据有效载荷工作模式、标定方式、标定周期、稳定性指标的特点，进行航天器在轨全寿命周期热稳定性分析，在此基础上，才能获得高稳结构的真实稳定性指标。

6.6　指标计算

尺寸稳定性分析本质上是变形分析。但是，因为与航天器尺寸稳定性相关的指标大多不是用变形的直接结果进行定义，而是根据总体指标分解或影响有效载荷性能的变形模式，通过变形的导出量进行描述。目前在尺寸稳定性指标的定义过程中，存在很多错误认识，比较典型的是，指标含义不明确，存在歧义，如变形不低于 $3~\mu m$ 这样的指标定义，就存在很大的模糊性。因此，有必要对尺寸稳定性的指标进行精确定义，并明确一些相似定义之间的关系和区别。目前比较常见的尺寸稳定性的指标有如下几种：

（1）位移

这是最简单直接的稳定性指标定义，可从结构的有限元分析结果直接获得。分析位移结果，需要关注稳定性指标定义所使用的参考点，并转换到对应的坐标系中。

（2）平面度

平面度用于描述有效载荷安装面上各个安装点的面外变形情况。平面度与面外变形有关，但又不是简单的等于面外变形。其严格的定义为：

平面度是被测平面对理想平面的变动量，它是包含平面变动的两个平行平面之间的最小距离。平面度的计算方法有最小包容区域法、最小二乘法、对角线平面法和三远点平面法。各种计算方法对不同空间位置关系的适应性不同，对于同一组点的位置，不同的方法可能得到不同的平面度计算结果，因此，建议采用不同的平面度计算方法，然后，取各个方法的最小值作为最终的计算结果。假设待计算平面度的 n 个点的空间位置坐标分别为 $[x_1, y_1, z_1]$，$[x_2, y_2, z_2]$，$\cdots$，$[x_n, y_n, z_n]$，其平面度计算步骤如下[5]：

①计算平面度初值

计算的第一步是得到平面度的初始估值。将各点坐标写成矩阵显示，得到矩阵 $\boldsymbol{X}$

$$\boldsymbol{X} = \begin{bmatrix} x_1 & x_2 & \cdots & x_n \\ y_1 & y_2 & \cdots & y_n \\ z_1 & z_2 & \cdots & z_n \end{bmatrix} \tag{6-1}$$

假设 $\bar{\boldsymbol{X}}$ 为 $\boldsymbol{X}$ 各列平均值组成的列矩阵

$$X = \begin{bmatrix} \dfrac{1}{n} \sum_{i=1}^{n} x_i \\ \dfrac{1}{n} \sum_{i=1}^{n} y_i \\ \dfrac{1}{n} \sum_{i=1}^{n} z_i \end{bmatrix} = \begin{bmatrix} \bar{x} \\ \bar{y} \\ \bar{z} \end{bmatrix} \tag{6-2}$$

矩阵 X 的各列减去均值列矩阵，得到矩阵 R

$$R = \begin{bmatrix} x_1 - \bar{x} & x_2 - \bar{x} & \cdots & x_n - \bar{x} \\ y_1 - \bar{y} & y_2 - \bar{y} & \cdots & y_n - \bar{y} \\ z_1 - \bar{z} & z_2 - \bar{z} & \cdots & z_n - \bar{z} \end{bmatrix} \tag{6-3}$$

计算矩阵 RR^{T} 的特征值，假设其最小特征值对应的特征矢量为 e_0，计算

$$d_1 = \max(e_0^{\mathrm{T}} R) \tag{6-4}$$

$$d_2 = \min(e_0^{\mathrm{T}} R) \tag{6-5}$$

则

$$p_1 = d_1 - d_2 \tag{6-6}$$

即为平面度的初步估值。

②三角形法则的平面度计算

1）假设 $e_0^{\mathrm{T}} R$ 的三个最大值对应的下标索引由大到小依次为 i_1, i_2 和 i_3，则计算

$$A = (y_{i_2} - y_{i_1})(z_{i_3} - z_{i_1}) - (y_{i_3} - y_{i_1})(z_{i_2} - z_{i_1}) \tag{6-7}$$

$$B = (x_{i_3} - x_{i_1})(z_{i_2} - z_{i_1}) - (x_{i_2} - x_{i_1})(z_{i_3} - z_{i_1}) \tag{6-8}$$

$$C = (x_{i_2} - x_{i_1})(y_{i_3} - y_{i_1}) - (x_{i_3} - x_{i_1})(y_{i_2} - y_{i_1}) \tag{6-9}$$

$$d = \frac{1}{\sqrt{A^2 + B^2 + C^2}} \begin{bmatrix} A & B & C \end{bmatrix} X \tag{6-10}$$

由式（6-10）得到平面度估值 p_2

$$p_2 = \max(d) - \min(d) \tag{6-11}$$

2）假设 $e_0^{\mathrm{T}} R$ 的三个最小值对应的下标索引由大到小依次为 j_1, j_2 和 j_3，则计算

$$A = (y_{j_2} - y_{j_3})(z_{j_1} - z_{j_3}) - (y_{j_1} - y_{j_3})(z_{j_2} - z_{j_3}) \tag{6-12}$$

$$B = (x_{j_1} - x_{j_3})(z_{j_2} - z_{j_3}) - (x_{j_2} - x_{j_3})(z_{j_1} - z_{j_3}) \tag{6-13}$$

$$C = (x_{j_2} - x_{j_3})(y_{j_1} - y_{j_3}) - (x_{j_1} - x_{j_3})(y_{j_2} - y_{j_3}) \tag{6-14}$$

$$d = \frac{1}{\sqrt{A^2 + B^2 + C^2}} \begin{bmatrix} A & B & C \end{bmatrix} X \tag{6-15}$$

由式（6-15）得到平面度估值 p_3

$$p_3 = \max(d) - \min(d) \tag{6-16}$$

③交叉原则的平面度计算

假设 $e_0^{\mathrm{T}} R$ 的三个最大值对应的下标索引由大到小依次为 i_1, i_2 和 i_3，三个最小值对应的下标索引由大到小依次为 j_1, j_2 和 j_3，计算

$$A = (y_{i_2} - y_{i_1})(z_{j_3} - z_{j_2}) - (y_{j_3} - y_{j_2})(z_{i_2} - z_{i_1}) \qquad (6-17)$$

$$B = (x_{j_3} - x_{j_2})(z_{i_2} - z_{i_1}) - (x_{i_2} - x_{i_1})(z_{j_3} - z_{j_2}) \qquad (6-18)$$

$$C = (x_{i_2} - x_{i_1})(y_{j_3} - y_{j_2}) - (x_{j_3} - x_{j_2})(y_{i_2} - y_{i_1}) \qquad (6-19)$$

$$D = -Ax_{i_1} - By_{i_1} - Cz_{i_1} \qquad (6-20)$$

则由式（6-17）～式（6-20）得到交叉原则的平面度 p_4 为

$$p_4 = \frac{|Ax_{j_3} + By_{j_3} + Cz_{j_3} + D|}{\sqrt{A^2 + B^2 + C^2}} \qquad (6-21)$$

④直线原则的平面度计算

1) 假设 $e_0^{\mathrm{T}} R$ 的三个最大值对应的下标索引由大到小依次为 i_1, i_2 和 i_3，三个最小值对应的下标索引由大到小依次为 j_1, j_2 和 j_3，计算

$$M = (y_{i_1} - y_{j_2})(y_{j_3} - y_{j_2}) - (x_{j_3} - x_{j_2})(z_{i_1} - z_{j_2}) \qquad (6-22)$$

$$N = (z_{i_1} - z_{j_2})(z_{j_3} - z_{j_2}) - (y_{j_3} - y_{j_2})(x_{i_1} - x_{j_2}) \qquad (6-23)$$

$$Q = (x_{i_1} - x_{j_2})(x_{j_3} - x_{j_2}) - (z_{j_3} - z_{j_2})(y_{i_1} - y_{j_2}) \qquad (6-24)$$

则由式（6-22）～式（6-24）得到平面度 p_5

$$p_5 = \frac{\sqrt{M^2 + N^2 + Q^2}}{(x_{j_3} - x_{j_2})^2 + (y_{j_3} - y_{j_2})^2 + (z_{j_3} - z_{j_2})^2} \qquad (6-25)$$

2) 假设 $e_0^{\mathrm{T}} R$ 的三个最大值对应的下标索引由大到小依次为 i_1, i_2 和 i_3，三个最小值对应的下标索引由大到小依次为 j_1, j_2 和 j_3，计算

$$M = (y_{j_3} - y_{i_1})(y_{i_2} - y_{i_1}) - (x_{i_2} - x_{i_1})(z_{j_3} - z_{i_1}) \qquad (6-26)$$

$$N = (z_{j_3} - z_{i_1})(z_{i_2} - z_{i_1}) - (y_{i_2} - y_{i_1})(x_{j_3} - x_{i_1}) \qquad (6-27)$$

$$Q = (x_{j_3} - x_{i_1})(x_{i_2} - x_{i_1}) - (z_{i_2} - z_{i_1})(y_{j_3} - y_{i_1}) \qquad (6-28)$$

则由式（6-26）～式（6-28）得到平面度 p_6

$$p_6 = \frac{\sqrt{M^2 + N^2 + Q^2}}{(x_{i_1} - x_{i_2})^2 + (y_{i_1} - y_{i_2})^2 + (z_{i_1} - z_{i_2})^2} \qquad (6-29)$$

⑤最终的平面度计算

由式（6-6）、式（6-11）、式（6-16）、式（6-21）、式（6-25）和式（6-29）得到尺寸稳定性最终的平面度估计

$$DSA_F = \min\{p_i\}, i = 1, 2, \cdots, 6 \qquad (6-30)$$

除上述步骤外，还衍生出了其他基于优化的方法，这些方法可以在相关文献［6-9］中得到计算步骤的详细过程。

（3）平面偏离

平面偏离指的是待分析的点距离通过各点拟合得到的平面的最大值。平面度和平面偏离具有不同的定义，但是，在尺寸稳定性的分析过程中，往往将两者混淆，因此，需要对这两个定义的物理含义均给出明确的数学表达。

计算式（6-3）定义的矩阵 $\boldsymbol{R}$ 的 $\boldsymbol{R}\boldsymbol{R}^{\mathrm{T}}$ 的特征值，假设其最小特征值对应的特征矢量为 e_0，计算

$$D = \boldsymbol{e}_0^{\mathrm{T}} \bar{X} \tag{6-31}$$

$$E = \boldsymbol{e}_0^{\mathrm{T}} X = [e_1, e_2, \cdots, e_n] \tag{6-32}$$

则平面偏离可计算得到

$$\mathrm{DSA}_{\mathrm{PD}} = \max\{|e_i - D|\}, i = 1, 2, \cdots, n \tag{6-33}$$

（4）平面法线指向

平面法线指向一般描述载荷安装面指向的变化。计算平面法线指向的过程是，计算（1-3）定义的矩阵 $\boldsymbol{R}$ 的 $\boldsymbol{R}\boldsymbol{R}^{\mathrm{T}}$ 的特征值，其最大特征值对应的特征矢量即为这一组点所在平面的法线指向。

（5）多点连线指向

多点连线用于描述某一轴线的指向变化，如光学载荷视轴。计算多点连线指向的过程是，计算式（6-1）定义的矩阵 $\boldsymbol{X}^{\mathrm{T}}$ 的协方差矩阵特征值，其最小特征值对应的特征矢量即为这一组点所在拟合直线的指向。

（6）圆度[10-11]

以下列任一由待分析节点拟合的圆心得出的最大半径和最小半径之差[2]：最小区域圆圆心、最小二乘方圆圆心、最小外接圆圆心与最大内接圆圆心。

本书通过最优化方法计算一组位置点的圆度。计算圆度的步骤如下：

① 首先将各个点所在平面法线旋转为与 Z 轴平行

1）由平面法线矢量计算方法得到各点所在平面归一化法线指向

$$\boldsymbol{v}_0 = [v_{0x}, v_{0y}, v_{0z}]^{\mathrm{T}} \tag{6-34}$$

2）计算平面法线矢量与 Z 轴夹角

$$\varphi = a\cos(v_{0z}) \tag{6-35}$$

3）由式（6-34）得到其在 XOY 平面的垂直矢量 $\boldsymbol{u}_0$

$$\boldsymbol{u}_0 = [-v_{0y}, v_{0x}, 0]^{\mathrm{T}} \tag{6-36}$$

4）计算旋转矩阵 $\boldsymbol{R}_0$

$$\boldsymbol{R}_0 = \begin{bmatrix} v_{0y}^2 + (1 - v_{0y}^2)\cos\varphi & -v_{0x}v_{0y}(1 - \cos\varphi) & v_{0x}\sin\varphi \\ -v_{0x}v_{0y}(1 - \cos\varphi) & v_{0x}^2 + (1 - v_{0x}^2)\cos\varphi & v_{0y}\sin\varphi \\ v_{0x}\sin\varphi & v_{0y}\sin\varphi & \cos\varphi \end{bmatrix} \tag{6-37}$$

5）对所有位置坐标进行坐标变换

$$X' = R^{\mathrm{T}} X$$

将所有坐标变换至各点所在平面为 XOY 平面的新坐标系下。

② 在新坐标系下计算圆度

假设新坐标系下，各点在 XOY 平面内的坐标为 $(x_1', y_1'), (x_2', y_2'), \cdots, (x_n', y_n')$，构造函数

$$R = \sum_{i=1}^{n} (x_1' - x_0)^2 + (y_1' - y_0)^2 \tag{6-38}$$

其中，x_0，y_0 为待计算圆心位置；R 为拟合半径。以 $\min(R_{\max} - R_{\min})$ 为优化目标，

得到最后的优化解，即为圆度。

（7）圆周偏离

拟合的圆心得出的最大半径和最小半径与拟合圆半径之差的最大值定义为圆周偏离。

首先进行坐标变换，得到新坐标系下，XOY 平面内的坐标 (x'_1, y'_1)，(x'_2, y'_2)，$\cdots$，(x'_n, y'_n)，构造矩阵

$$A = \begin{bmatrix} x'_1 & y'_1 & 1 \\ x'_2 & y'_2 & 1 \\ \cdots & \cdots & \cdots \\ x'_n & y'_n & 1 \end{bmatrix} \tag{6-39}$$

$$b = \begin{bmatrix} x'^2_1 + y'^2_1 \\ x'^2_2 + y'^2_2 \\ \cdots \\ x'^2_n + y'^2_n \end{bmatrix} \tag{6-40}$$

求解方程 $Ax = b$ 得到最小二乘解 $x = [x_1, x_2, x_3]^{\mathrm{T}}$，则拟合的圆心坐标 (x_0, y_0) 和半径 R 分别为

$$x_0 = x_1/2 \tag{6-41}$$

$$y_0 = x_2/2 \tag{6-41}$$

$$R = \sqrt{\frac{x_1^2 + x_2^2}{4} + x_3} \tag{6-42}$$

由此可得圆周偏离为

$$\mathrm{DSA_{RV}} = \max(abs(\sqrt{(x'_i - x_0)^2 + (y'_i - y_0)^2} - R)), i = 1, 2, \cdots, n$$

以上只是列出了常见的一些稳定性指标，有时还需要进一步的计算，如矢量与坐标轴的夹角，矢量在坐标平面的投影，不同矢量之间的夹角变化等。

在对这些指标进行数值计算的时候，应该对具体指标的定义和结果对实际有效载荷性能影响的机制有深刻的理解。如考核一个安装平面形貌变化对有效载荷性能影响时，必须清楚到底是用平面度指标来评价热稳定性还是用平面偏离更合理。在进行分析时，对一些容易混淆的指标必须认真区分，如平面度与平面偏离，圆度与圆周偏离等。

参 考 文 献

［1］ 袁家军．卫星结构设计与分析［M］．中国宇航出版社，2004．

［2］ Wijker J J. Spacecraft Structures［M］. 2008.

［3］ Calvi A，Aglietti G，Albus J，et al. ECSS－E－HB－32－26A Spacecraft Mechanical Loads Analysis Handbook. 2013.

［4］ 梁岩，王春洁．有限元分析软件中模型检查方法的研究［J］．机械设计与制造，2014（12）：231－233．

［5］ 汪恺．形状和位置公差标准应用指南［M］．中国标准出版社，2000．

［6］ 罗钧，王强，付丽．改进蜂群算法在平面度误差评定中的应用［J］．光学精密工程，2012（02）：422－430．

［7］ 史立新，朱思洪．基于 Matlab 的平面度误差最小区域法评定［J］．组合机床与自动化加工技术，2005（9）：2．

［8］ 田社平，韦红雨，王志武．用遗传算法准确评定平面度误差评价［J］．计量技术，2007（01）：66－69．

［9］ 周剑平．基于 Matlab 和回归分析的平面度评定方法［J］．兵工自动化，2006（01）：27－28．

［10］ 产品几何量技术规范（GPS）评定圆度误差的方法 半径变化量测量，GB/T 7235－2004［S］．

［11］ 陈国强，赵俊伟．基于 MATLAB 的圆度误差精确评定［J］．机械设计与制造，2005（9）：2．

第7章 时域分析方法

7.1 概述

工程经验表明，航天器热弹性变形、湿弹性变形和重力是影响尺寸稳定性的最主要因素，因此，本章将针对这三个分析项目进行描述。

7.2 热弹性分析

7.2.1 概述

航天器在轨运行过程中，航天器与太阳的相对位置关系的变化，进出地影的影响以及航天器内部仪器的发热，使得航天器结构上出现了时刻变化的温度场，因为结构存在热膨胀效应，结构会产生热弹性变形，并由此产生尺寸稳定性问题。有些文章称温度引起的尺寸稳定性问题为热稳定性问题，但 Ernest G . Wolff 认为热稳定性是一个非常粗略的材料、组件或结构特性的不严谨描述。因为热稳定性可能指低 CTE、老化、相变、再结晶、晶粒生长等多种与温度有关的现象，而由热引起的尺寸稳定性只是其中之一[1]。本书作者也认为不应该用热稳定性描述由温度引起的尺寸稳定性问题。

热弹性问题本质上是机热耦合分析问题的一种。航天器在轨运行温度变化引起的热变形，反过来可能改变航天器结构与太阳光线的入射角，这个改变迫使需要将航天器结构变形叠加到初始构型中，然后再计算热变形影响下的温度场。尤其对于大型柔性结构，这个耦合对于计算精度会产生比较明显的影响。另外，对于一些大型结构，固有频率非常低，当温度变化的频率成分与结构固有频率接近时，还会产生热颤振问题[2-3]。但一方面本书研究的主要是尺寸稳定性这一类微小变形问题，另一方面，研究的对象也是刚度比较好的中小型结构，因此，本书后续的内容将不涉及温度场与变形的双向耦合，也不涉及大型柔性结构的热颤振问题，本书所述的热弹性问题主要是指由温度场引起结构变形的单向机热耦合分析问题。此时的温度场对结构来说是准静态载荷，即任意时刻的温度场仅由初始构型下的几何关系计算获得，而与变形之间无耦合关系。

一个完整的热弹性分析过程如图 7 - 1 所示。

7.2.2 模型建立

目前已有多个商业软件具备在同一软件内在同一模型上实现在轨温度场和热变形的能力，如 MSC/PATRAN 建模环境下的 NASTRAN 和 SINDA 求解器就可以在同一模型分

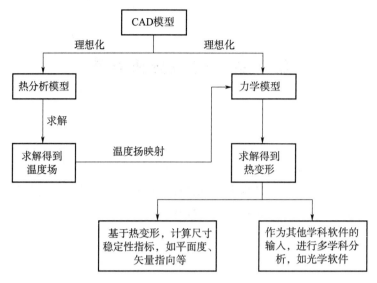

图 7-1　热弹性分析流程

别进行温度场和热变形计算[4]，UGNX 的 NASTRAN 和 TMG 求解器结合也能完成相同的任务[5]，还有其他类似功能的软件系统。但是，在当前实际应用于航天器结构的热变形计算中，仍以热分析模型和结构分析模型分别建立，然后通过将热分析计算得到的温度场映射到力学分析模型上的方法，实现热变形分析。之所以如此，是基于如下两个原因：

（1）效率问题

热分析模型和力学分析模型关注点不同，模型精细程度和关心区域不同，如果两者兼顾，必然导致模型规模增大，并最终导致在同一模型进行多工况在轨热弹性分析变成不可行。

（2）专业划分

当前航天器设计高度专业化，各个专业都有自己不同的软件，采用同一软件进行不同学科专业的分析，理论上可行，但目前工程实施上还存在困难。

因为热变形的尺寸稳定性分析与常规热变形分析的上述差异，导致在尺寸稳定性的热变形分析过程中，对热分析模型和力学分析模型的建模过程，提出了更多的约束和要求。包括：

（1）空间位置

热分析模型和结构分析模型之间能够正确进行温度场映射的必要条件是两个模型必须是空间同位的，即占有相同的空间，对应位置的坐标相同，但不要求两个模型的网格相同。图 7-2 解释了空间同位的定义。图 7-2（a）是热分析的网格；图 7-2（b）是与热分析网格具有相同网格划分，所在空位位置不同的结构分析网格；图 7-2（c）是与热分析网格具有不同网格划分，所在空位位置相同的结构分析网格。根据空间同位的定义，结构分析网格（b）虽然与热分析网格（a）划分相同，但是不满足空间同位的定义，所以不能进行正确的温度场映射，结构分析网格（c）虽然与热分析网格（a）划分不同，但是占据了与热分析网格相同的空间位置，满足空间同位的定义，所以具备了进行正确的温度场映射的前提条件。

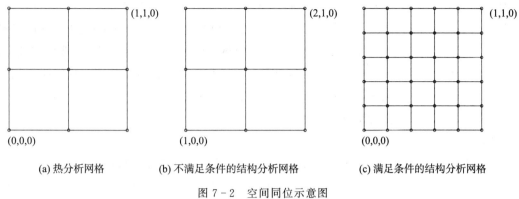

| (a) 热分析网格 | (b) 不满足条件的结构分析网格 | (c) 满足条件的结构分析网格 |

图 7 - 2　空间同位示意图

（2）坐标系

热分析模型与力学分析模型的坐标系必须一致。如果不是必要的话，应尽量避免在映射过程中使用局部坐标系。

（3）单位制

两个分析模型的单位制必须一致，推荐使用目前航天器仿真分析最常用的国际单位制。

（4）模型细节

对于热分析模型来说，在力学分析关心的位置，热分析模型的网格应适当加密，且模型简化应照顾到力学分析模型对温度场的精细度要求；而对于力学分析模型来说，温度变化梯度比较大的地方，模型网格应适当加密。

7.2.3　边界条件

热弹性分析的边界条件因分析对象和分析目的而异。对于航天器在轨热变形引起的尺寸稳定性分析问题，航天器是处于自由的无约束状态。而对地面热变形试验进行的热变形预示来说，则试验对象同时存在热边界条件和力学边界条件，地面热变形试验的理想状态是一方面试验件（航天器整器或部组件）与停放支架之间应保持绝热设计，另一方面，试验件变形不能受到地面停放支架在试验中的变形影响，即两者在变形上应该是解耦的，热传导上应该是绝热的。如果不能正确模拟这两个边界条件，或者不能通过分析确认热边界和力学边界的影响，则试验结果很难达到预期的目的。

7.2.4　模型检验

有限元模型的一般有效性可通过开展第 6 章所述模型检验来保证。用于热变形分析的有限元模型一般还需要进行以下 3 种检验：

（1）热膨胀系数检验

热变形分析需要对材料设置热膨胀系数，但是，当航天器结构由多种材料组成时，忘记对某些材料赋予热膨胀系数是常见的错误。当材料不设置热膨胀系数时，一般的商业软件默认其值为 0，并不会终止计算或给出错误提示，这为检验各种材料热膨胀系数的设置是否正确增加了难度。材料热膨胀系数相关的另一个重要参数是参考温度，只有结构温度偏离参考温度时，结构才会出现热变形。在多数商业软件设置材料特性时，如果不设置参考温度，则一般默认为 0。而一般计算航天器结构热变形都是以室温 20 ℃（或 25 ℃）为参考温度，这个参考温度的错误设置非常常见，且因比较隐蔽而难以发现。热膨胀系数设置过程中，还应注意，大多数材料的热膨胀系数是随温度变化的，因此，给定不同温度下的热膨胀系数是高精度热变形计算的必要条件。

（2）零膨胀检验

零膨胀检验用于检查模型中参考温度设置的正确性。对变形分析模型施加静定边界，对模型施加与参考温度（一般为 20 ℃）一致的均匀温度场，结构变形量级应该为 0，实际计算时存在舍入误差，变形并不为零，但是，该值不应超过 1×10^{-20}，否则，说明模型中不同结构材料热膨胀系数的参考温度设置不一致。

（3）等温膨胀检验[6]

等温膨胀检验的目的是验证有限元模型在温度载荷下能否输出正确的热变形和热应力，模型内部是否存在不合理约束等。在等温膨胀检验中，对结构模型施加静定边界，将模型中所有单元的材料属性赋为同一种各向同性材料（比如铝合金），均匀给定温度变化值。在此种工况下，模型将不会产生转动，约束反力、单元力和单元应变为零。在等温膨胀检验中，如果模型中出现了较大应力和较大转角，应考虑是否存在刚性单元定义不正确、板壳单元存在翘曲等几何缺陷或存在多余约束等。对于各项同性材料 [杨氏模量 =100 GPa，泊松比 =0.3，CTE$= 10^{-5}$ m/（m·℃）]，并且温度变化值为 100 K 的模型，一般要求在等温膨胀检验中结构上产生的最大 Von Mises 应力小于 0.01 MPa，最大转角小于 1×10^{-4} rad。

（4）刚性单元问题

刚性单元一般不考虑热膨胀，在热稳定性问题中存在潜在的巨大误差。通常，刚性单元表示非常刚性的元件，产生非常大的热应力和明显的热弹性行为，它们在刚性单元公式中被忽略。引入误差依赖于刚性单元的大小，然而，即使是很小的刚性单元，在存在偏置时也会产生较大的误差。多点约束方程（MPC）可能会以同样的方式增加误差。这个问题的一个解决方法是采用刚度非常大的、具有热膨胀功能的单元。但刚度过大和其他的柔性单元一起求解会产生求解的收敛问题。

7.2.5　温度场映射

7.2.5.1　基于几何位置的温度插值方法

该方法又称最近节点方法或最近距离方法。它是根据两个模型各个节点之间的远近，利用空间距离关系进行温度场插值。即将待映射某节点附近热分析的温度场，根据与该节点距离的远近，以不同的加权系数得到其插值温度场。该方法最早应用于温度场映射，当前的商业有限元分析软件都具备该功能。该方法简单明了，但其缺点也十分明显：如不能很好地模拟间隙和边界的影响。此外，映射的时候需要指定一个距离公差，公差太小，可能映射失败；公差太大，又可能使不同区域的映射温度场出现混淆，导致引入较大温度场映射误差。因此，基于几何位置的映射一般是作为高精度映射方法的初始映射，获得初步的温度场映射结果，作为后续高精度映射的初值。

目前实现以空间距离关系进行映射的方法有：

（1）在 MSC/PATRAN 内进行

步骤如下：

1）利用 MSC/PATRAN 进行温度场映射需要首先将热分析模型转化为 PATRAN 可读的模型文件，仅需要转换节点、单元和温度信息。

2）将转换的模型文件（如 NASTRAN 的 BDF 文件）导入 PATRAN。

3）将导入 PATRAN 的温度场以云图显示。

4）由显示的云图建立连续的场。

5）建立一个温度类型的载荷，温度载荷与第 4 步建立的场关联。

6）将建立的温度载荷施加在待映射的结构分析模型上。

（2）在 Thermal Desktop 内进行

步骤如下[8]：

1）生成待映射的 NASTRAN 的 BDF 格式的模型文件。

2）在 Thermal Desktop 中打开待输出温度场的结果文件。

3）在 Thermal Desktop 中的 Thermal 菜单下进行 export 的 Map Data Nastran Model 选项操作，在随后打开的操作窗口中指定第一步中的 BDF 文件，同时指定映射的尺寸公差。

4）执行操作，生成名称为 mapoutput.dat 的映射文件。

需要说明的是，首次映射时，公差的指定一般需要一个尝试的过程，可能需要采用不同的公差进行多次映射，然后将热分析温度场与映射温度场进行对比，才能得到合适的公差值。

7.2.5.2 热传导方法

以两个模型中公共部分的温度场为初始温度，然后通过热传导计算，得到结构分析模型中温度场的方法。该方法的实现方式之一是首先通过基于几何的温度插值方法获得初始温度场，然后对结构分析模型赋予合适的传热系数，计算结构分析模型的剩余部分的温度场[9-10]。它实际上是建立在方法 1 基础上的二次映射方法。利用热分析模型温度场与一次映射温度场的对比，针对特定节点温度场进行修正、阈值调整、强制约束等措施，可实现高精度的温度场映射。

热传导温度场映射的过程包含 5 个步骤：

（1）一次映射

由基于几何的温度场映射方法得到初步的温度场映射。

（2）温度场检查

针对一次映射的温度场进行正确性和合理性检查。检查项目包括：

①实现映射区域检查

检查完成映射区域的一次映射温度场与热分析温度场分布一致性，包括最高温、最低温、温度分布梯度等。

②未实现映射区域检查

重点检查热分析模型与结构分析模型是否满足空间同位条件，两者的坐标系和单位是否一致。

在以上检查过程中，如果发现问题，应重新进行一次温度场映射。

当检查后，如果可以确认热分析模型与力学分析模型之间温度场已实现比较完美的映射，则可以转入热变形计算，而不用再进行后续步骤的二次映射过程，否则，从第（3）步开始进行后续的映射操作。

（3）对一次映射温度场进行分组

一次映射温度场不能直接用于热变形分析的原因包括2个：存在未映射区域和一次映射温度场错误。未映射区域一般是因为热分析模型精细度不够，不能通过空间几何关系对结构分析模型实现映射。一次映射温度场错误则是由于映射过程中出现可能出现畸变，个别点温度奇异；或者，因为基于几何映射方法自身算法的缺陷，将临近但并不连接的节点温度进行了不正确的映射。基于上述分析，将力学分析模型的节点分为三个组：接受一次映射温度场的节点，需要对一次映射温度场进行校正的节点和一次映射未实现的节点。

（4）二次映射前的预处理

将第（3）步中的3个组分别对待，重点是第2个组的处理。第2个组的处理需要根据具体情况选择处理的方法，原则是以二次映射后的温度场符合热分析结果为准。几种常用的处理方法包括：

1）用传导映射方法重新映射，即将这部分第2个组中的节点放入第3个组。

2）将节点温度与第1个组中的节点建立关系或者给定值，然后，根据给定的关系计算其温度后，将这部分第2个组中的节点放入第1个组。

3）将部分节点温度与未映射区域温度建立关系，通过约束方程，在二次映射中重新计算其温度场，此时将这部分节点放入第3个组。

第3个组节点的预处理主要参考第2个组预处理的后两步。

（5）二次映射

对3个组进行了预处理之后，建立以第1个组为已知温度，以第3个组节点为待求解温度的热传导问题，并进行求解，可获得以传导方法计算的二次映射温度场，这个过程借助当前的有限元分析软件实现并不困难。

图7-3是几何方法与传导方法映射结果的对比。图7-3（a）中包含两个网格疏密不同的几何体，左右两个几何体的温度分别是100 ℃和10 ℃，在两个几何体的边界上，存在部分没有温度的节点。如果进行基于几何的映射，则映射结果如图7-3（b）所示，可以看出，在两个几何体交界的地方，出现了左侧温度对右侧温度的"侵入"，温度映射出现了不真实的情况，但右侧用传导方法进行的映射，则左右两侧的温度场则不会出现互相

侵入的情况。

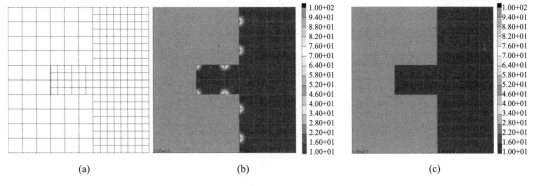

图 7 - 3　几何和传导映射结果对比

7.2.5.3　形函数方法

该方法一般也是以方法 1 获得的温度场作为初值，然后，假设结构模型的温度场是以某种形函数进行描述，通过形函数插值，获得结构分析模型的温度场[11]。

形函数方法可以解决热传导方法在已知温度节点数过于稀少时出现的局部效应。但该方法需要将四边形单元转化为 2 个三角形单元，将六面体单元转化为 5 个四面体单元，计算过程复杂，目前应用较少。

7.2.5.4　映射结果检查

由于基于距离的温度场映射方法所固有的一些缺点，因此，对高精度热变形计算来说，进行二次映射是必要的。二次映射过程中得到的新温度场（热传导方法或形函数方法由已知温度场对未知温度场求解得到的温度场，也就是热分析映射方法中第 3 步中进行分组时第 3 个组中的节点温度），其精确值往往是未知的，如何评价映射结果的精度，目前尚缺乏严密的理论分析，目前是通过工程经验进行定性判断，方法有如下两种：

（1）温度场区间合理性判断

通过航天器结构映射前后的最大值、最小值进行定性的比对。在基于距离的映射方法（也是后续两种方法的初步映射）中经常出现的问题是映射奇异，即在某些节点上，温度会出现明显的不合理数值，这些不合理的温度值要么为零，要么远远大于实际温度的最大值或远小于实际温度的最小值。在采用后续两种方法进行二次映射之前，对这些数据必须进行处理，要么调整一次映射的公差或几何关系，要么对温度出现奇异值的点进行温度数据删除，然后在二次映射中进行重新插值计算。如果还是不能解决问题，则必须通过 MPC 等关系单元，强行指定特定区域的温度与其他节点温度的关系。

（2）温度频度判断

一般而言，航天器上的温度场是连续分布的，如果在频度分析过程中发现非端点温度区间的节点数特别少，甚至为零，则多数情况下，这暗示模型映射过程中可能存在错误，应该复查映射温度场的正确性。频度的计算方法是：将所有节点的最大值和最小值的构成的区间长度分成 10 份，将所有温度根据其值统计其在各个区间的节点数，即为温度场分布的频度。图 7 - 4 所示为具有连续频度分布的节点温度统计与具有非连续频度分布的节点温度统计，图中存在一个空白区间，说明温度分布出现了不连续的情况，此时应对温度场进行复核。

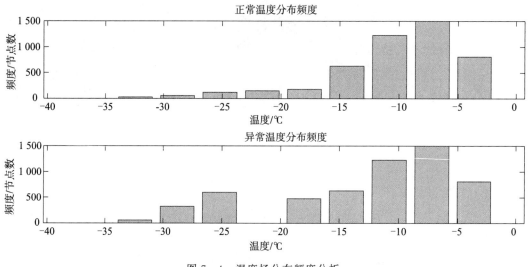

图 7 - 4   温度场分布频度分析

7.2.5.5   温度场映射小结

一般而言，上述基于几何位置的映射方法、热传导映射方法和形函数映射方法的精度是依次逐级递增的。但是对于采取了节点温度修正、阈值调整、强制约束等措施的热传导映射方法而言，理论上其映射温度场可与热分析模型温度场达到零误差，而且，计算过程可依赖现有热分析程序，没有额外的开发工作量，计算精度可以保障。多年型号工程应用经验表明，热传导映射方法是目前应用最成熟、最有效的映射方法。图 7 - 5 和图 7 - 6 分

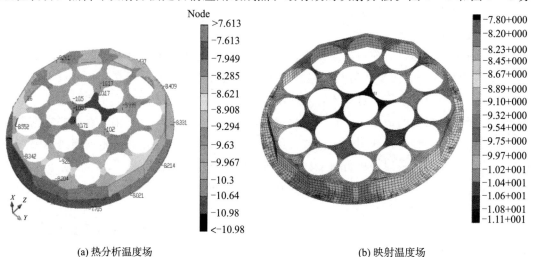

(a) 热分析温度场   (b) 映射温度场

图 7 - 5   硬 X 射线相机支架温度场映射

别是硬 X 射线相机支架和高分七号卫星采用热传导方法进行的二次温度场映射。从这两个
图可以看出，映射温度场与热分析温度场的一致性非常好。

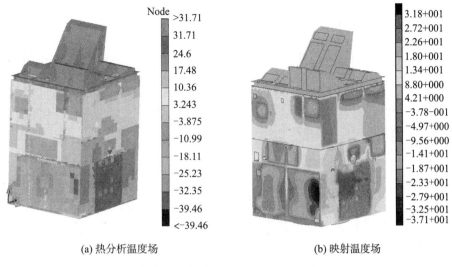

(a) 热分析温度场　　　　　　　　　　　　　(b) 映射温度场

图 7 - 6　高分七号卫星温度场映射

7.2.6　热弹性计算应用实例

　　某遥感卫星的多个变形量有尺寸稳定性要求，对不同响应计算多轨数据如图 7 - 7～图
7 - 10 所示。由图 7 - 7～图 7 - 10 可见，尽管各个响应的曲线形状不同，但都具有比较明
显的周期性，如果不需要计算频域特性的话，去掉数据开始一段有一定初始效应的数据以
外，从数据中选取 2～3 个周期，基本上就可以获得比较完整数据的变化规律。

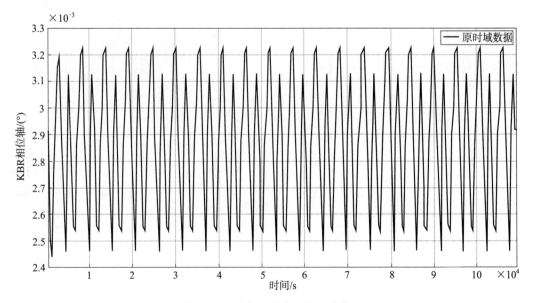

图 7 - 7　某相机安装面指向变化

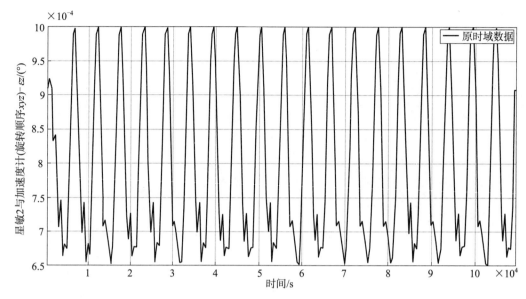

图 7-8　某坐标系欧拉角变化

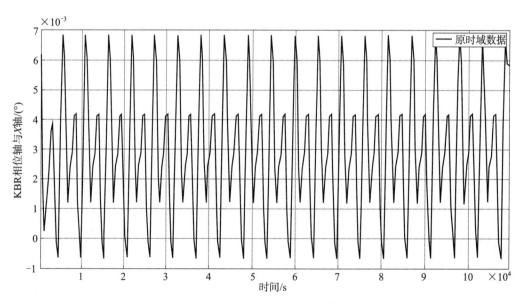

图 7-9　某相机与坐标轴夹角

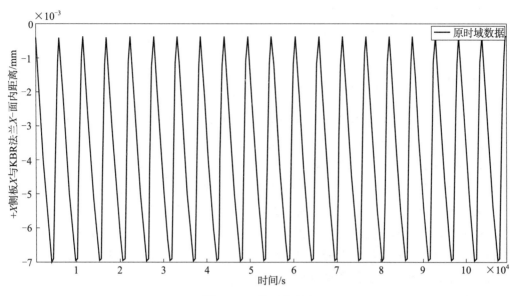

图 7 - 10　某两点距离

7.3　湿弹性分析

　　树脂基复合材料在大气环境下会吸湿膨胀，而在空间真空环境下湿气释放后结构会相应收缩。湿膨胀现象与热膨胀类似，因此结构湿变形分析采用与热变形类似的方法，即把湿膨胀引起变形等价为热变形计算，如下式所示

$$\varepsilon = \frac{\Delta L}{L_0} = \beta \frac{\Delta M}{M_0} = \alpha \Delta T$$

式中　ε——由湿膨胀引起的应变；

　　　ΔL——由湿膨胀引起变形；

　　　L_0——原始长度；

　　　β——湿膨胀系数；

　　　$\dfrac{\Delta M}{M_0}$——湿饱和度；

　　　α——热膨胀系数；

　　　ΔT——等效的温度变化量。

　　采用这种等效方法后，湿变形分析可以基于热变形分析有限元模型开展。表 7 - 1 给出了两种碳纤维复合材料的湿变形分析等效参数。

表 7 - 1　湿变形分析等效参数

材料	β /(1E−6/%)	饱和度/%	ε (1E−6)	α /(1E−6/K)	ΔT /K
M55J/氰酸酯	150	0.4	60	0.1	600
T300/环氧	75	1	75	0.066	1 136

通常情况下，最重要的湿变形分析结果是各个关键有效载荷之间的相对变形，以及相对于卫星坐标轴指向的相对变形。

7.4　重力释放分析

在生产、组装和试验过程中，航天器均在地球重力环境下组装并开展精度测量。然而，进入轨道重力影响消失后，航天结构从 $1g$ 的重力环境下产生的变形中得以释放。其结果是，在轨后有效载荷与星敏感器间的相对精度会与地面的测量结果不同。应当评估重力释放对有效载荷指向精度的影响并将其纳入航天器整体指向精度的预算中。

重力释放效应可以通过开展一个简单的重力载荷下的静态载荷分析进行评估。有限元分析模型需要模拟地面总装状态（包括航天器姿态、装配构型和固定方式），必要时应考虑保持架、支架车、转台等地面工装的影响。图 7 - 11 所示为卫星因重力释放而产生的变形，可以用来评估地面测量精度在轨后的变化情况。

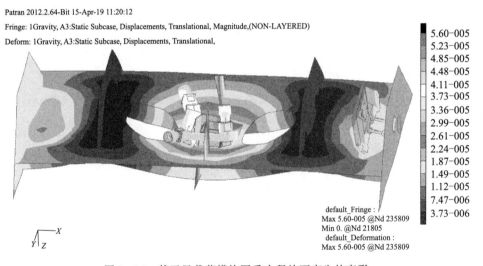

图 7 - 11　某卫星载荷模块因重力释放而产生的变形

参 考 文 献

［1］ E. G. Wolff，Introduction to the Dimensional Stability of Composite Materials，Destech Publications Inc，2004.

［2］ Ibrahim S A，Yamaguchi E. Thermally induced dynamics of deployable solarpanels of nanosatellite ［J］. Aircraft Engineering and Aerospace Technology，2019，91（7）：1039 - 1050.

［3］ 苏新明，王晶，柳晓宁，等 . 某空间桁架热致振动仿真研究 ［C］. 2014 年可展开空间结构学术会议.

［4］ Sinda for Patran User's Guide.

［5］ 陈跃，陶家生，林骁雄，等 . 高精度大型 GEO 卫星平台结构热变形分析方法研究 ［C］. 第 19 届中国遥感大会，2014.

［6］ Calvi A，Aglietti G，Albus J，et al. ECSS - E - HB - 32 - 26A Spacecraft Mechanical Loads Analysis Handbook. 2013.

［7］ Genberg V. Shape function interpolation of 2D and 3D finite element results ［C］//MSC WorldUsers Conference. 1993.

［8］ Thermal Desktop User's Manual.

［9］ 罗文波，张新伟，钱志英，等 . 基于在轨温度测量数据的整星结构尺寸稳定性分析 ［J］. 中国空间科学技术，2021，41（01）：22 - 28.

［10］ 刘国青，罗文波，童叶龙，等 . 航天器在轨全周期热变形分析方法 ［J］. 航天器工程，2016，25（06）：40 - 47.

［11］ Genberg V. Shape function interpolation of 2D and 3D finite element results ［C］//MSC World Users Conference. 1993.

第 8 章　频域分析方法

8.1　概述

对某些卫星来说，由于其有效载荷的工作特点需要，在时域内描述指标特性已不能满足工程需要，必须在频域内计算尺寸稳定性的指标，如重力卫星。在频域内需要计算的指标一般与航天器在轨温度变化有关，其变化一般是以轨道周期为基本周期，同时叠加了一些倍频信号的多频周期信号。这种周期信号的频域特性一般以傅里叶幅值谱（Fourier Amplitude Spectrum，FAS）作为合适的分析方法。

8.2　尺寸稳定性频域分析一般流程

一个完整的信号傅里叶幅值谱的分析流程如图 8-1 所示。

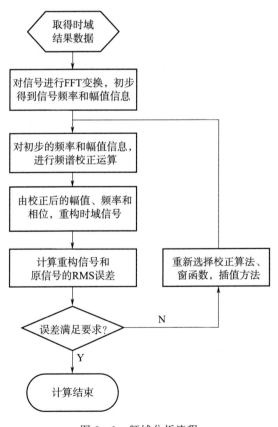

图 8-1　频域分析流程

8.3　傅里叶变换

航天器在轨尺寸稳定性频域分析的信号是周期的，因此，根据信号分析理论，用傅里叶变换作为频域工具是合适的。

对于已经计算得到的长度为 N 的时域离散尺寸稳定性分析结果 $x(n)(0 \leqslant n \leqslant N-1)$，其离散傅里叶变换（Discrete Fourier Transform，DFT）可表示为[4]

$$X(k) = \mathrm{DFT}[x(n)] = \sum_{n=0}^{N-1} x(n) W^{nk} \tag{8-1}$$

式中　$W = \mathrm{e}^{-\mathrm{j}\left(\frac{2\pi}{N}\right)}$，$0 \leqslant k \leqslant N-1$。

傅里叶逆变换（Inverse Fourier Transform，IDFT）可以表示为

$$x(n) = \mathrm{IDFT}[X(k)] = \frac{1}{N} \sum_{k=0}^{N-1} X(k) W^{-nk} \tag{8-2}$$

式中　$0 \leqslant n \leqslant N-1$。

如果尺寸稳定性结果是 N 点以 t_1 为等时间间隔的时域数据，则采样频率与频率分辨率为

$$F_s = \frac{1}{t_1}$$

$$F_1 = \frac{1}{Nt_1} = \frac{F_s}{N} \tag{8-3}$$

式中　F_s，F_1——采样频率和频率分辨率。

由离散数据 $x(n)$ 能够唯一确定原时域连续函数的条件是满足采样定理[5]：$x(n)$ 由一个带限信号 $x(t)$ 采样取得，且采样频率 F_s 应大于原信号最高频率分量的 2 倍。

此处应该注意的是，尽管由时域信号 $x(n)$ 进行 DFT 变换得到的频域数据是 $0 \leqslant k \leqslant N-1$ 个点，其频域数值的信息覆盖了 $0 \sim F_s$，但是，根据 DFT 的性质和采样定理，DFT 中包含的有效频率信息只有 $N/2$ 个点，因此，其傅里叶变换则表示 $N/2$ 数据点在频域区间 $0 \sim F_s/2$ 之间的信息。从式（8-3）可以看出，更多的采样点和更高的采样时间间隔，提供了更高的频率分辨率。

根据式（8-1），可以定义时域数据的傅里叶幅值谱

$$A(k) = \frac{|2X(k)|}{N} \tag{8-4}$$

可以证明，当采样频率满足采样定理，且采样点数是周期时域信号的整周期倍数时，时域数据的傅里叶幅值谱可以精确描述时域信号各个频点的幅值信息。例如，以 4 Hz 采样频率对幅值为 1、频率为 1 Hz 正弦信号进行采样并做 DFT 变换，计算傅里叶幅值谱，其傅里叶幅值谱在 1 Hz 处的幅值则为 1。

但是，一方面，实际的在轨尺寸稳定性分析结果可能包含了 1 倍频（对应轨道周期）以外的其他高阶倍频，此时采样频率可能不满足采样定理；另一方面，由于计算结果的复

杂性，时域采样点刚好是整周期的整数倍的要求也不总是能够满足，这导致通过傅里叶变换得到的式（8-4）傅里叶幅值谱的精度大大降低，在极端情形下，幅值误差可达 36%，相位误差可达 $90°^{[7]}$，必须采取措施，提高傅里叶幅值谱的计算精度。

8.4　窗函数

对于一个一般的时域数据来说，进行 DFT 变换之前，需要从无限长的数据中取出有限长度的数据，即对数据进行截取后，然后再进行 DFT 变换。这相当于对数据加了一个长度为 N，高度为 1 的矩形窗。加窗后进行傅里叶变换得到的结果，相当于原信号与矩形窗函数在频域进行卷积，这导致原本集中于一个频点的频率幅值，变成了分布在一个区间的频率函数，此时产生了所谓能量泄漏。如果改变窗函数的形状，使信号的能量泄漏更少，此时就产生了通过窗函数减少能量泄漏的方法。

常用的几种窗函数如下[7]：

（1）矩形窗（Rectangular window）

$$w(n)=1,0 \leqslant n \leqslant N-1 \tag{8-5}$$

矩形窗仅相当于对无限长数据的截断操作，是最简单的数据操作。一般的不加窗就是使信号通过了矩形窗。其优点是主瓣比较集中，缺点是旁瓣较高，并有负旁瓣，导致变换中带进了高频干扰和泄漏，甚至出现负谱现象。频率识别精度高，但幅值识别精度低，所以矩形窗对于关注幅值的傅里叶幅值谱不是一个理想的窗函数。

（2）三角窗（Bartlett window）

$$w(n)=\begin{cases} \dfrac{2n}{N}, \dfrac{2n}{N} \leqslant 1 \\ 2-\dfrac{2n}{N}, \dfrac{2n}{N} > 1 \end{cases} \tag{8-6}$$

三角窗又称 Bartlett 窗函数。三角窗也仅适合于对幅值精度估计要求不高的场合。

（3）汉宁窗（Hanning window）

$$w(n)=\frac{1}{2}-\frac{1}{2}\cos\left(\frac{2\pi n}{N}\right)=\cos^2\left(\frac{\pi n}{N}-\frac{\pi}{2}\right) \tag{8-7}$$

汉宁窗又称余弦窗，具有较小的泄漏和带宽，得到了广泛应用，但也不适应于对幅值有较高精度的场合。

（4）平顶窗（Flat-Top windows）

平顶窗是一类窗函数，由几个余弦函数组成，余弦函数前常数系数的不同，决定了窗函数的性质，一般平顶窗函数具有较好的幅值计算精度。

除了上面介绍的窗函数以外，还有很多的适应于不同目的、具有不同性能的窗函数。可参见文献［7］。

虽然通过加窗方法，可以部分解决泄漏问题，但是，即使施加了窗函数，对于通过傅里叶幅值谱得到信号精确的频率信息，仍然是不够的，与此同时，通过傅里叶变换得到的相位精度也比较差，导致想对傅里叶幅值谱的计算精度进行比较客观精确的评价十分困难。考虑到在轨稳定性分析结果多数是多周期叠加信号，此时，可通过傅里叶变换得到的幅值谱信息进行频谱校正，由校正获得更精确的时域信号所包含的各个频点的信息。

8.5　频谱校正

8.5.1　线性调频变换校正方法

DFT 变换看做是有限长序列 $x(n)$（$0 \leqslant n \leqslant N-1$）的连续谱 $X(\mathrm{e}^{\mathrm{j}\omega})$ 在 $[0, 2\pi]$ 上的 N 点均匀取样（频率采样间隔为 $2\pi/N$）。而线性调频变换（Chirp Z Transform，CZT）则计算连续谱 $X(\mathrm{e}^{\mathrm{j}\omega})$ 在任意一段频率范围（ω_1，ω_2）上任意频率采样间隔的均匀取样值[8]。对 $x(n)$（$0 \leqslant n \leqslant N-1$），其长度为 M 的 CZT 变换可以表达为[9]

$$X(z_r) = \mathrm{CZT}[x(n)] = \sum_{n=0}^{M-1} x(n) A_0^{-n} \mathrm{e}^{-\mathrm{j}\theta_0 n} W_0^{nr} \mathrm{e}^{-\mathrm{j}\varphi_0 nr} \qquad (8-8)$$

式中　θ_0——初始相角；

φ_0——单位圆等间隔增量。

当 $A_0 = W_0 = 1$ 时，即在单位圆上进行采样时，式（8-8）变为

$$X(r) = \sum_{n=0}^{M-1} x(n) \mathrm{e}^{-\mathrm{j}n(\theta_0 + \varphi_0 r)} \qquad (8-9)$$

式中　$\theta_0 = 2\pi F_0 / F_s$；

$\varphi_0 = 2\pi F_L / (M F_s)$；

F_0——分析频谱的起始频率；

F_L——分析频谱的长度；

F_s——采样频率。

这样，通过 CZT 变换，频率的分辨率变为 $\Delta F = F_L / M$。

假设，通过傅里叶幅值谱识别出频域信号的 N_x 个峰值点对应的频率 f_i（$i = 1, \cdots, N_x$）为构成原时域信号的频率信息，则通过 CZT 变换进行频谱校正的过程如下：

1）取起始频率 $\theta_0 = 2\pi(f_i - F_1)/F_s$，频率长度为 $\varphi_0 = 4\pi/(MN)$；

2）根据式（8-8）计算对 $2x(n)$ 加窗后的信号 $x_w(n)$ 的 M 点 CZT 变换 $X(r)$；

3）计算得到的校正后傅里叶幅值谱的幅值

$$Ac_i = \max(\mathrm{abs}(X(r))) = \mathrm{abs}(X(r_{\max})) \qquad (8-10)$$

设式（8-9）在取最大值时对应的下标为 $r_{\max}$，则校正后的相位为

$$\varphi c_i = \mathrm{angle}(X(r_{\max})) \qquad (8-11)$$

校正后的频率为

$$fc_i = \frac{2(r_{\max} - 1) F_s}{NM} + f_i - F_1 \qquad (8-12)$$

4）对 N_x 个频率 f_i 重复上述过程，就可以得到所有频点的频谱校正结果。

8.5.2　Quinn 校正方法

如同 8.5.1 节，假设通过傅里叶幅值谱识别出频域信号的 N_x 个峰值点对应的频率 $f_i(i=1,\cdots,N_x)$，对应频率的索引为 m_i，对应的傅里叶变换值为 $X(m_i)$，则 Quinn 方法的校正过程如下[10-11]：

1）计算

$$\alpha_1 = \mathrm{Re}\left(\frac{X(m_{i-1})}{X(m_i)}\right) \qquad (8-13)$$

2）计算

$$\alpha_2 = \mathrm{Re}\left(\frac{X(m_{i+1})}{X(m_i)}\right) \qquad (8-14)$$

3）计算

$$\delta_1 = \frac{\alpha_1}{1-\alpha_1} \qquad (8-15)$$

4）计算

$$\delta_2 = \frac{-\alpha_2}{1-\alpha_2} \qquad (8-16)$$

5）定义函数

$$\tau(x) = \frac{1}{4}\log(3x^2+6x+1) - \frac{\sqrt{6}}{24}\log\frac{x+1-\sqrt{2/3}}{x+1+\sqrt{2/3}}$$

计算

$$\delta = \frac{\delta_1+\delta_2}{2} - \tau(\delta_1^2) + \tau(\delta_2^2) \qquad (8-17)$$

6）计算校正频率

$$fc_i = \frac{(m_i-1+\delta)F_s}{N} \qquad (8-18)$$

7）计算

$$\theta = \frac{\mathrm{e}^{2\pi\delta j}-1}{4\pi j}\left[\frac{1}{\delta+1} \quad \frac{1}{\delta} \quad \frac{1}{\delta-1}\right] \qquad (8-19)$$

8）计算

$$\theta_x = 2\left[X(m_i-1) \quad X(m_i) \quad X(m_i+1)\right]\theta^* \qquad (8-20)$$

其中 θ^* 表示 θ 的共轭转置

9）计算校正幅值

$$Ac_i = \frac{\mathrm{abs}(\theta_x)}{2\theta\theta^*} \qquad (8-21)$$

10）计算校正相位

$$\varphi c_i = \mathrm{angle}(\theta_x) \qquad (8-22)$$

需要说明的是，上面的校正过程计算，仅适用于矩形窗，适应其他窗函数的计算可参见相关文献。

8.5.3　插值傅里叶变换校正方法

插值傅里叶变换校正方法的计算过程如下。

1）给信号 $x(n)$ 施加窗函数得到 $x_w(n)$

$$x_w(n) = x(n) * w_{lp\mathrm{DFT}}(n) \qquad (8-23)$$

其中窗函数定义为

$$w_{lp\mathrm{DFT}}(n) = \frac{3}{16} - \frac{1}{4}\cos\left(\frac{2n\pi}{N}\right) + \frac{1}{16}\cos\left(\frac{4n\pi}{N}\right) \tag{8-24}$$

2）计算 $2x_w(n)$ 的傅里叶变换，得到 $X_w(k)$ 。

3）假设通过傅里叶幅值谱识别出频域信号的 N_x 个峰值点对应的频率 $f_i(i=1,\cdots,N_x)$ ，对应频率的索引为 m_i ，对应的傅里叶变换值为 $X_w(m_i)$ ，则计算

$$\alpha_k = \begin{cases} \dfrac{|X_w(m_i)|}{|X_w(m_i-1)|} & \text{当 } |X_w(m_i-1)| > |X_w(m_i+1)| \\[4mm] \dfrac{|X_w(m_i+1)|}{|X_w(m_i)|} & \text{当 } |X_w(m_i-1)| \leqslant |X_w(m_i+1)| \end{cases} \tag{8-25}$$

$$\delta = \begin{cases} \dfrac{2\alpha_k-3}{\alpha_k+1} & \text{当 } |X_w(m_i-1)| > |X_w(m_i+1)| \\[4mm] \dfrac{3\alpha_k-2}{\alpha_k+1} & \text{当 } |X_w(m_i-1)| \leqslant |X_w(m_i+1)| \end{cases} \tag{8-26}$$

应当注意的是，当 $\delta=0$ 时，不需要进行后面计算，也不需要进行校正分析，校正幅值、频率和相位与傅里叶变换 $X_w(k)$ 的幅值，频率和相位相同。

4）计算校正后的频率

$$fc_i = \frac{(m_i-1+\delta)F_s}{N} \tag{8-27}$$

5）定义函数

$$w_0(\lambda,h) = \frac{\mathrm{e}^{-j\frac{\pi h}{N}}}{\sin\dfrac{\pi(\lambda-h)}{N}} + \frac{\mathrm{e}^{j\frac{\pi h}{N}}}{\sin\dfrac{\pi(\lambda+h)}{N}} \tag{8-28}$$

6）计算校正幅值

$$Ac_i = \frac{4(1-\delta^2)(4-\delta^2)|X_w(m_i)|}{3N\,\mathrm{sinc}(\delta)} \tag{8-29}$$

7）计算校正相位

$$\varphi c_i = \mathrm{angle}(X_w(m_i)) - \pi\delta\left(1-\frac{1}{N}\right) - \frac{\pi}{2}(1+\mathrm{sign}(\delta))$$
$$- \mathrm{angle}\left(\frac{3}{16}w_0(-\delta,0) - \frac{1}{4}w_0(-\delta,1) + \frac{1}{16}w_0(-\delta,2)\right) \tag{8-30}$$

8.5.4　校正方法小结

除本章前面介绍的频谱校正方法外，还有许多校正方法，如全相位方法、Prony 方法等等，各种方法校正结果的好坏与信号本身性质有一定关系，没有一种方法对于各种信号的频谱校正都是最佳的，需要在不同算法之间进行选择。

8.6　拟合误差

目前针对频谱校正精度的评价，多是将有理论解的信号与频谱校正结果进行对比，或

者是从信号分析理论的基础原理出发，分析其频谱校正精度。其优点是可以获得频谱校正的理论误差，但是，对于来自于工程测量或分析结果，信号没有理论解，此时对频谱校正精度的评价，必须有一个工程可实施的计算方法。

假设由前面频谱校正得到了各个频率成分的幅值 A_{gi}，频率 f_{gi}，相位 φ_{gi}，则可定义信号

$$x_{gg}(n) = A_0 + \sum_{i=1}^{N_x} A_{gi} \cos(f_{gi} n t_1 + \varphi_{gi}) \tag{8-31}$$

式中　A_0——信号均值；

　　$x_{gg}(n)$——全局校正全局拟合重构信号，$0 \leqslant n \leqslant N-1$。

定义全局校正全局拟合的 RMS 误差为

$$E_{gg} = \frac{\mathrm{RMS}(x(n) - x_{gg}(n))}{\mathrm{RMS}(x(n) - A_0)} \times 100\% \tag{8-32}$$

由前面计算过程可看出，均值 A_0 是直接参与拟合，没有参与到频谱校正计算过程中，因此，在评价拟合精度时，去除均值的影响是合理的。

与此同时，为了工程应用方便，还需要定义两个 RMS 误差：局部校正局部拟合 RMS 误差和局部校正全局拟合 RMS 误差。

假设 $x_l(n_l)$ 是 $x(n)$ 的连续子序列，$1 < n_l < N$，由频谱校正得到了幅值 A_{li}，频率 f_{li}，相位 φ_{li} 可定义信号

$$x_{ll}(n_l) = A_{l0} + \sum_{i=1}^{N_x} A_{li} \cos(f_{li} n_l t_1 + \varphi_{li}) \tag{8-33}$$

式中　A_{l0}——信号 $n_l(n)$ 的均值；

　　$x_{ll}(n)$ —— $x(n)$ 的局部校正局部重构信号。

定义 $x_{lg}(n)$ 为 $x(n)$ 的局部校正全局重构信号

$$x_{lg}(n) = A_0 + \sum_{i=1}^{N_x} A_{li} \cos(f_{li} n t_1 + \varphi_{li}) \tag{8-34}$$

定义局部校正局部拟合 RMS 误差为

$$E_{ll} = \frac{\mathrm{RMS}(x_l(n_l) - x_{ll}(n_l))}{\mathrm{RMS}(x_l(n_l) - A_{l0})} \times 100\% \tag{8-35}$$

定义局部校正全局拟合 RMS 误差为

$$E_{lg} = \frac{\mathrm{RMS}(x(n) - x_{lg}(n))}{\mathrm{RMS}(x(n) - A_0)} \times 100\% \tag{8-36}$$

对于一个由多余弦函数构成的时间信号，当局部信号 $n_l(n)$ 包含了 $n(n)$ 中的足够周期（后面章节会讨论信号有效长度问题），则前面的三个 RMS 误差是相差不大的。当三者相差比较大时，说明信号是非稳态的，存在非余弦的瞬态信号或趋势项，此时，必须考虑是对原始信号进行截取操作还是重新获取时间信号。

从前面的讨论中可以看出，定义拟合 RMS 误差一方面可以量化分析结果的精度，另一方面，也可以用于判断信号的稳态与否。这对于提高频域分析结果的精度和可信性十分重要。

8.7　频域分析实践中的问题

8.7.1　初值的影响

在轨尺寸稳定性一般是计算在轨稳态工况下的变形问题，当计算载荷（此处的载荷是广义的，如温度、辐照等）从 0 开始，或载荷在计算起始时刻之后才施加的话，计算结果的值是从 0 时刻，或者是从初始无载荷状态的值开始的。

假设某一稳定性指标初始值为 0，在轨状态，是以 50 为平衡位置、10 Hz 的频率波动，数据采样频率为 100 Hz，其曲线如图 8-2 所示。

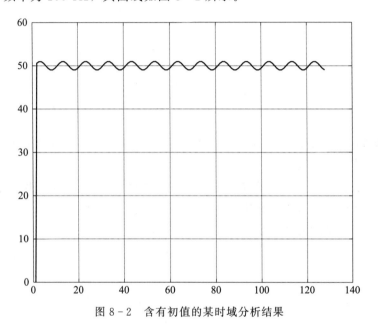

图 8-2　含有初值的某时域分析结果

图 8-3 是初值与稳态平衡位置偏差与傅里叶幅值谱偏差之间的关系。从计算结果可以看出，当初值与平衡位置偏差与傅里叶幅值谱偏差之间存在一定关系，初值与平衡位置偏差绝对值越大，傅里叶幅值谱偏差越大，因此，计算含有初始值的时域信号的傅里叶幅值谱时，必须剔除初始值的影响，否则，计算结果可能引入不可接受的误差。

需要指出的是，图 8-3 所示的初值与平衡位置偏差与傅里叶幅值谱偏差之间的关系仅仅是粗略计算的一个结果，仅用于示例说明初值的影响。实际上，两者之间的关系还与信号均方值等因素有关，初值对结果的影响是十分复杂的，实践中需要考虑的就是如何将这一影响剔除，而不是将其引入后再分析其影响程度。

8.7.2　瞬态影响

正如前一节所述，在轨尺寸稳定性一般是计算在轨稳态工况下的变形问题，但是，因为热分析对平衡状态的定义和结构分析对平衡状态的定义并不总是一致，因此，可能会存

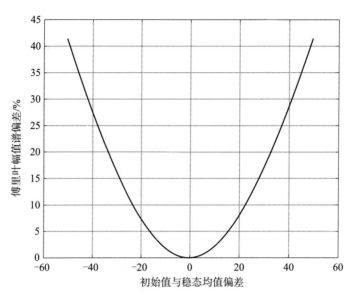

图 8-3　初值与稳态均值偏差与傅里叶幅值谱偏差关系

在对热分析来说已经处于稳态，但用于结构分析时，热分析产生的温度场并未进入稳态的情况。

　　如图 8-4 是某位置热分析结果的温度，数据是每周期 24 个点，共 5 个周期总点数 120 个点。从曲线中可以看出，在第 1 到第 2 周期，趋势明显；从第 3 周期到第 5 周期，趋势则明显变弱，周期特征明显。

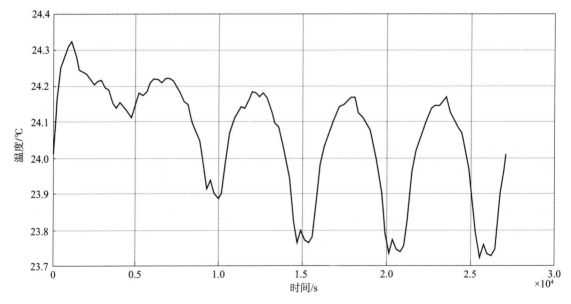

图 8-4　存在瞬态的温度载荷时域曲线

图 8-5 是图 8-4 时域信号的傅里叶幅值谱，从图 8-5 可见在一阶轨道周期对应的频

率（0.000 183 Hz）前存在不可忽略的低频分量。由于该低频分量的存在，导致即使用 1 阶频率的整周期采样数据长度，并采用频谱校正技术计算傅里叶幅值谱，其峰值也存在较大的误差，由 Quinn 校正方法进行频谱校正后的 RMS 拟合误差高达 36.5%，这样的计算精度是不能满足工程需要的。

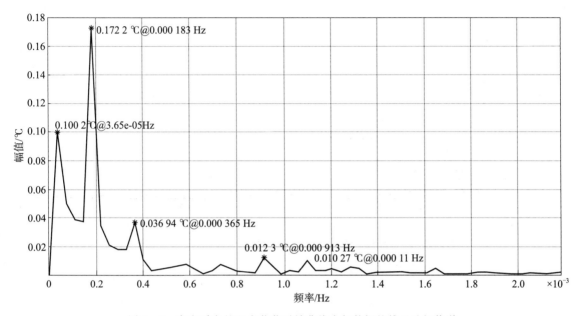

图 8-5　存在瞬态的温度载荷时域曲线全部数据的傅里叶幅值谱

当不是从全部时域数据中进行傅里叶幅值谱分析，而是从后面周期特征更明显的后三个周期进行傅里叶幅值谱计算时，得到如图 8-6 的结果。比较图 8-5 和图 8-6 在 1 阶频率 0.000 183 Hz 处的幅值可以看出，两者相差近 20%，而针对后三个周期进行傅里叶幅值谱再以 Quinn 方法进行频谱校正，其拟合 RMS 误差只有 7% 左右。其精度在工程上已可接受。

从图 8-5 和图 8-6 还可以看出，包含低频分量与否，也对 1 阶和 2 阶频率（0.000 183 Hz 和 0.000 369 4 Hz）处的幅值存在较大的影响，两者有较大的差异，这说明，当存在低频分量时，即使是整周期采样，在待分析频点上的幅值也可能存在较大的误差。

8.7.3　数据长度对计算精度的影响

对时域信号进行傅里叶幅值谱分析过程中，较长的数据可以得到较高的频率分辨率，以及更好的拟合精度，而与此同时，在计算温度场过程中，更长的数据则意味着更多的计算资源需求和更长的求解时间，如何以最短的时域数据保证所需的计算精度，是工程中面临的实际问题。

图 8-7 是对包含 3 个周期倍频信号的时域数据，以每周期 7 个点到 24 个点，时域数据长 3 个周期到 10 个周期，进行傅里叶幅值谱分析然后用插值傅里叶变换校正方法进行频谱校正后得到的拟合误差。

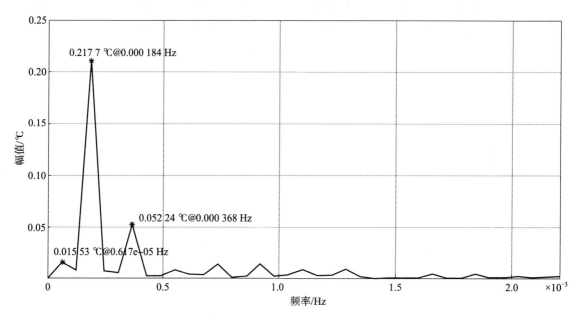

图 8-6   存在瞬态的温度载荷时域曲线后三个周期的傅里叶幅值谱

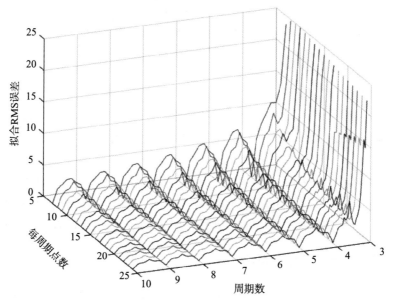

图 8-7   周期数、每周期点数与拟合误差关系

从图 8-7 可以看出，对于严格包含整周期采样的数据来说，其拟合误差非常小，只要包含四个周期，即使每周期只有 7 个点，其拟合误差也只有 1% 左右，但是，对于非整周期采样下的时域数据，其拟合误差随每周期采样点数或周期数的增加而减少。通过对大量工程数据的分析表明，绝大部分低轨温度载荷下的尺寸稳定性结果的时域数据，取每周

期 24 个点，总共 5 个周期的时域数据，其拟合误差可以低于 10%，基本能够满足工程需求。但考虑到可能存在初值影响，以及第一周期的瞬态效应，一些商业软件的最后一周期的末尾数据的奇异性等因素，建议计算时取 7 个周期，每周期 12～24 个点的数据作为初始数据，然后，根据 RMS 的值选取合适区间，进行傅里叶幅值谱分析。这样在保证精度的前提下，其计算量也能得到比较好的控制。

参 考 文 献

［1］ 汪凯，主编 . 形状和位置公差标准应用指南［M］. 北京：中国标准出版社，1999.

［2］ GBT 7235 — 2004 产品几何量技术规范（GPS）评定圆度误差的方法 半径变化量测量.

［3］ ECSS‐E‐HB‐32‐26A，Spacecraft mechanical loads analysis handbook.

［4］ 王宝祥 . 信号与系统［M］. 哈尔滨：哈尔滨工业大学出版社，1992.

［5］ 奥本海默 . 信号与系统（2 版）［M］. 西安：西安交通大学出版社，1998.

［6］ 丁康，张晓飞 . 频谱校正理论的发展［J］. 振动工程学报，2000，13（1）：14‐22.

［7］ Heinzel，G.，Rudiger，A.，Schilling，R. Spectrum and Spectral Density Estimation by the Discrete Fourier Transform（DFT），Including a Comprehensive List of Window Functions and Some New At‐Top Windows；Technical Report；Albert‐Einstein‐Institut：Hannover，Germany，2002.

［8］ 李天昀，葛临东 . 基于 CZT 和 Zoom2FFT 的频谱细化分析中能量泄漏的研究［J］. 电子对抗技术，2003，18（3）.

［9］ 马可，张远安，张开生 . CZT 和 ZFFT 频谱细化性能分析及 FPGA 实现［J］. 计算机测量与控制，2016.24（2）.

［10］ Eric Jacobsen，On Local Interpolation of DFT Outputs，http：//www. ericjacobsen. org/FTinterp. pdf.

［11］ Nazar A，Zahir M，Fadel A. Frequency Estimation of Single‐Tone Sinusoids Under Additive and Phase Noise［J］. International Journal of Advanced Computer Science & Applications，2014，5（9）.

第 9 章　不确定性分析方法

9.1　概述

所有现实的结构系统都存在一定程度的不确定性。在进行尺寸稳定结构分析和设计时，由于许多原因，系统特性及其环境都可能存在不确定性。航天器尺寸稳定性研究的是 10^{-6} 尺度下的变形规律，为了达到较高尺寸稳定性，各个设计参数都尽量使之处于优化状态，如以热变形尺寸稳定性为主要设计目标的结构，将结构或材料设计为零膨胀是其目标。但是，这也带来一个问题：航天器的尺寸稳定性可能对设计参数（包括几何参数、材料参数）非常敏感，设计参数的随机变化，将对系统的尺寸稳定性产生非常明显的影响。如美国空军实验室将可展开光学支撑杆的等效宏观热膨胀系数设计为 2×10^{-7}，但对加工出来的 11 根产品进行测量表明，其宏观等效热膨胀系数的数值在 $1 \times 10^{-7} \sim 3 \times 10^{-7}$ 之间，存在较大的离散性。正如本书第 2 章所阐述的，零膨胀材料只在理论上存在，实际结构受到各种因素的影响，结构变形是不可消除的，尺寸稳定性设计的目标不是设计和研制零膨胀结构，而是尽量减少尺寸稳定性的不利影响，使其满足工程需要。在基于确定性方法设计和分析尺寸稳定结构时，通过引入安全系数，以避免由于不确定性可能导致的指标不满足要求的问题，在大多数情况下这将产生过于保守的设计，达不到优化的设计效果，这是尺寸稳定性设计过程中引入不确定性分析的目的之一。

9.2　不确定性来源与分类

在尺寸稳定性分析过程中，不确定性存在多个方面。计算模型本身的不足会导致模型的不确定性，比如模型假设、网格细化程度等；不确定性也包含在系统输入变量或参数中，比如载荷工况、材料属性等。另一方面，在使用实验测试数据与模型输出进行比较时，实验数据的不确定性也是不可忽略的。因此，在航天器结构尺寸稳定性分析和设计过程中，必须考虑来自各方面的不确定性对尺寸稳定性指标的影响，由此才能获得高可靠性或鲁棒性的尺寸稳定性设计。

航天器尺寸稳定结构设计过程中涉及的不确定性可分为两类：

第一类为偶然不确定性（Aleatory Uncertainty），又称为客观不确定性（Objective Uncertainty）或随机不确定性（Stochastic Uncertainty），是由物理现象所固有的随机性引起的。客观不确定性本身是无法减少或消除的，是系统或模型自身固有的属性。在计算模型的分析中，客观不确定性一般通过两种方式存在：一种是存在于模型自身中，比如尺寸稳定性分析模型；另一种是随模型参数存在于系统的数学表达式、初始条件或边界条件中的客观不确定性，比如尺寸稳定结构制造几何尺寸的随机变化、复合材料铺层角的随机变化等。

第二类为认知不确定性（Epistemic Uncertainty），又称为主观不确定性（Subjective Uncertainty）或可减少的不确定性（Reducible Uncertainty），是由对所研究对象认知的缺乏而导致的不确定性。对用于尺寸稳定性的计算模型来说，缺乏对系统特征、初始状态及周围环境等因素的了解所导致的系统建模不完善属于主观不确定性的范畴，由程序错误、数值误差、算法中的数值近似等导致的模型计算不准确也是主观不确定性在计算模型中的存在形式，另外，由实验数据不充分或误差过大导致模型参数无法校准也会导致计算模型的主观不确定性。因此，从这些主观不确定性产生的源头出发，通过提高建模质量和计算的准确性，并采集更多的实验数据减小主观不确定性，即可达到降低模型输出不确定性的目的。

在实际工程中，已识别出的不确定性因素可汇总如下：

1）材料性能，如弹性模量、热膨胀系数的不确定性等。

2）载荷，如温度载荷的数值不确定性和分布不确定性等。

3）边界和初始条件。

4）几何与装配误差，几何尺寸、复合材料铺层角、组件装配产生的不确定性。

5）求解器及其算法产生的不确定性。

6）计算机在计算过程中的舍入、截断等。

7）工程师在计算求解选择单元类型、算法、网格等过程中产生的不确定性。

尺寸稳定性问题具有系统性、多学科、多因素的特点，属于复杂系统问题。而根据复杂性原理（高精度和高复杂性是不兼容的），精确预测高精度尺寸稳定性是不可能的，因此，研究不确定性下的尺寸稳定性问题是十分必要的。

9.3　不确定性分析过程

不确定性分析步骤如下：

1）问题定义：不确定性分析的主要目标、使用什么模型、基本假设、感兴趣的参数等是什么。

2）模型验证和测试：数值误差的影响是什么。

3）识别输入不确定性：对不确定输入参数进行初始选择，并采用合适的模型描述不确定性及其范围。

4）如果存在实验数据，将数据集成到模型中，以细化不确定性的参数分布。

5）不确定参数筛选：当参数维数较高时，识别输出不确定的主要驱动因素，进行更详细的分析。

6）响应面分析：建立替代面，加快不确定度和定量灵敏度分析。

7）不确定性和定量敏感性分析、风险分析、全系统校准/验证、可预测性评估。

9.4　不确定性建模方法

9.4.1　概率方法

9.4.1.1　概率分布函数与概率密度函数

概率方法适用于处理随机不确定性问题。不确定性变量分为离散型随机变量和连续型随机变量两种。在尺寸稳定结构设计中，涉及较多的为连续型随机变量。连续型随机变量的随机特性以概率分布函数 $F(x)$ 和概率密度函数 $f(x)$ 进行描述。概率分布函数 $F(x)$ 给出随机变量 x 取值小于某个值 x_i 的概率，其表达式为

$$F(x_i) = P(x < x_i) \tag{9-1}$$

x 落在某区间 $(a, b]$ 内的概率可以表示为

$$P(a < x \leqslant b) = F(b) - F(a) \tag{9-2}$$

概率密度函数 $f(x)$ 给出了变量落在某值 x_i 邻域内（或者某个区间内）的概率变化快慢，概率密度函数下的面积表示概率。概率密度函数 $f(x)$ 与概率分布函数 $F(x)$ 之间关系如下

$$f(x) = F'(x) \tag{9-3}$$

常用的连续型随机变量的概率密度函数的类型包括：

（1）均匀分布（Uniform Distribution）

均匀分布连续型随机变量 x 在 (a, b) 区间上的概率密度函数定义为

$$p(x) = \begin{cases} \dfrac{1}{b-a}, & a < x < b \\ 0, & \text{其他} \end{cases} \tag{9-4}$$

均匀分布表示随机变量 x 在最低和最高取值范围内具有相同的概率，适用于对不可控随机变量进行最坏情况下的估计问题。

（2）正态分布（Normal Distribution）

正态分布连续型随机变量 x 的概率密度函数为

$$p(x) = \frac{1}{\sqrt{2\pi}\sigma} \exp\left[-\frac{(x-\mu)^2}{2\sigma^2}\right], x \in \mathbf{R} \tag{9-5}$$

其中，μ 是遵从正态分布的随机变量 x 的均值，σ^2 是其方差，正态分布记作 $x \sim N(\mu, \sigma^2)$。

测量误差、弹性模量、热膨胀系数、材料强度等参数的分布服从正态分布。

（3）对数正态分布（Logarithmic Normal Distribution）

如果 $\ln x$ 服从正态分布，则称 x 服从对数正态分布，其概率密度函数为

$$p(x) = \begin{cases} \dfrac{1}{x\sigma\sqrt{2\pi}}\exp\left[-\dfrac{(\ln x - \mu)^2}{2\sigma^2}\right], & x > 0 \\ 0, & x \leqslant 0 \end{cases} \qquad (9-6)$$

式中，μ 与 σ^2 是 $\ln x$ 的均值和方差。

弹性模量、材料疲劳寿命、无故障运行时间等参数服从对数正态分布。

（4）威布尔分布（Weibull Distribution）

威布尔分布连续型随机变量 x 的概率密度函数为

$$p(x) = \begin{cases} \dfrac{k}{\lambda}\left(\dfrac{x}{\lambda}\right)^{k-1}\exp\left[-\left(\dfrac{x}{\lambda}\right)^k\right], & x \geqslant 0 \\ 0, & x < 0 \end{cases} \qquad (9-7)$$

其中，$\lambda > 0$ 是比例参数；$k > 0$ 是形状参数。

机械疲劳强度，疲劳寿命等参数服从威布尔分布。

9.4.1.2 假设检验

在利用概率方法进行不确定性分析时，可能变量的概率密度函数是未知或者虽然概率密度函数已知但函数中的参数未知需要估计，此时需要判断假设的正确性，即假设检验问题。

假设检验分为参数假设检验和非参数假设检验。参数假设检验目前主要适用于正态分布的检验，如对均值和方差的分布检验等。如果分布本身就未知，则需要进行分布检验，统计中把不依赖于具体分布的统计方法称为非参数方法，可以用下面的公式表示

$$H_0:F(x) = F_0(x); \quad H_1:F(x) \neq F_0(x) \qquad (9-8)$$

其中，H_0 称为原假设，$F(x)$ 为随机变量 x 未知的真实分布函数，$F_0(x)$ 为某已知的分布函数，原假设的含义为假设 $F_0(x)$ 为真实分布函数。H_1 称为备择假设，备择假设的含义为 $F_0(x)$ 不是真实分布函数。假设检验的过程是，首先假定该假设 H_0 正确，即 $F_0(x)$ 为真实分布函数，然后根据样本对假设 H_0 做出接受或拒绝的决策。如果样本观察值导致了"小概率事件"发生，就应拒绝假设 H_0，否则应接受假设 H_0。

当某一具有不确定性的量进行了足够的实验测量，使用概率模型进行不确定性分析是合适的。例如，考虑具有不确定性的热膨胀系数 α。当对热膨胀系数的数值进行了足够数量的测量后，可以拟合其概率密度函数，得到其不确定性的概率描述。或者，可以假设其概率密度函数为某一假设的形式，然后对数据进行参数假设的统计检验，确定其假设分布的正确性。

然而，在实践中，通常情况下，可能没有足够的数据来准确估计不确定参数的概率密度函数。在这种情况下，往往需要根据经验进行简化假设。此时，可能导致计算结果与实际情况存在较大的差异，这在某种程度上限制了基于概率方法的不确定性分析在工程上的应用。

9.4.2　非概率方法

从前面的讨论中可以清楚地看出，当没有足够的场数据来准确地估计不确定输入的概率分布时，概率理论可能是不合适的。我们在这里讨论非概率方法，它可以被看作是概率论的替代方法。近年来，非概率方法引起了工程设计界的广泛关注，包括证据理论、可能性理论、区间分析和凸模型。在这里，我们主要关注区间分析和凸建模，因为证据理论和可能性理论是本书范围之外的前沿课题。

最简单的非概率方法是不确定性的区间表示。其思想是用区间 $[\xi^-, \xi^+]$ 来表示不确定参数 ξ，其中 ξ^- 和 ξ^+ 分别表示下限和上限。然后，通过分析模型传播区间边界，以得到感兴趣的输出变量的边界。与概率方法不同的是，区间内所有取值可能性都是相同的，而在概率分析法中，极值出现的概率远低于平均值。

另一个非概率分析方法为凸模型方法，其中所有不确定参数都用凸集表示。下面给出几个凸模型的例子：

1）不确定性函数具有包络边界

$$\xi^-(t) \leqslant \xi(t) \leqslant \xi^+(t) \tag{9-9}$$

2）不确定性函数具有平方积分边界

$$\int \xi^2(t)\,\mathrm{d}t \leqslant a \tag{9-10}$$

3）不确定性函数的傅里叶系数沿椭球边界

$$a^\top \boldsymbol{W} a \leqslant \alpha \tag{9-11}$$

式中　a ——函数 $\xi(t)$ 的傅里叶系数；

　　　$\boldsymbol{W}$ ——加权矩阵。

图 9-1 显示了二维情况下不确定性区间模型和椭球凸模型之间的区别。矩形盒定义了区间模型的不确定变量所在的区域，即 $[\xi_1^-, \xi_1^+] \times [\xi_2^-, \xi_2^+]$，而椭圆表示当使用椭球凸模型时不确定参数所在的区域。

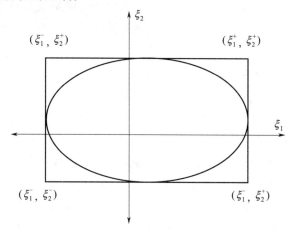

图 9-1　不确定性区间模型和椭球凸模型之间的区别

9.5 不确定性传播

9.5.1 随机不确定性传递分析

9.5.1.1 蒙特卡洛方法

蒙特卡洛方法（Monte Carlo simulation，MCS）是一种概率方法。其思想是：将系统中的不确定性参数假设为以概率密度函数描述的随机变量，在给定不确定性参数的联合概率密度函数的情况下，只要使用足够的样本数，MCS 就可以以任意精度计算感兴趣响应量的完全统计量。因此，这种方法经常被用作评估新的不确定性分析技术性能的基准。

蒙特卡洛方法主要适用于如下的分析：

1）统计响应变量由于输入变量随机性而引起的波动；

2）分析每个随机输入变量对响应的贡献率，识别影响度最大的随机输入变量；

3）分析设计点的失效率和可靠度，其中，失效率定义为

$P_f =$ 不可行区域内点数 / 总抽样点数

可靠度

$$R = P_f$$

4）估计响应的波动特性，用于稳健设计。

基于蒙特卡洛的不确定性分析方法的步骤如图 9 - 2 所示。

蒙特卡洛方法在不确定性的传播分析中占有特别重要的地位，但是在应用过程中，应该注意如下几点：

（1）概率密度函数

蒙特卡洛分析中，随机变量的概率密度函数是其随机特性的直接描述，正确的定义随机变量的概率密度函数对不确定性分析十分重要。如果仅仅是定性的对不确定性传播进行分析，则可以通过查阅手册或根据前人的经验，确定各个随机变量概率密度函数，如果是对不确定性传播进行精确的定量分析，则必须通过试验得到概率密度函数的精确定义。

（2）抽样方法

蒙特卡洛计算过程中随机变量的选取过程称为抽样。对一个已知概率密度函数或累积概率密度函数的概率分布，可以直接从累积分布函数（Cumulative Distribution Function，CDF）进行采样，称为直接抽样。但是实际的样本概率分布往往十分复杂，很难通过直接采样获得符合该概率分布的一组样本。由此产生了接受-拒绝采样和重要性采样两种方法。在这两种方法中引入一个提议分布 $q(x)$ 来辅助采样。所谓提议分布就是一个已知的、容易采样的分布，例如均分分布、正态分布等。接受-拒绝采样是利用一个易于采样的提议分布 $q(x)$ 进行采样，而后再对利用 $q(x)$ 得到的样本进行加工，接受符合 $p(x)$ 分布的样本，拒绝不符合 $p(x)$ 分布的样本。重要性抽样是定义一个权重，根据权重，选取得到样本集合。当采样空间的维数比较高时，接受-拒绝采样和重要性采样都不适用，因为维数

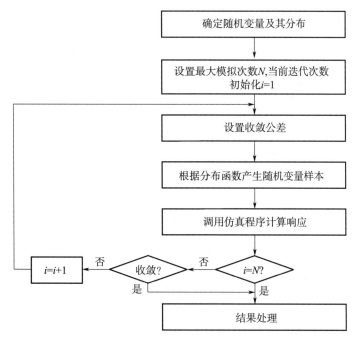

图 9 - 2　基于蒙特卡洛的不确定性分析方法的步骤图

升高时很难找到适合的提议分布，采样效率比较差。此时可采用马尔科夫链蒙特卡洛抽样（Markov Chain Monte Carlo，MCMC）方法。该方法不需要假设分布，只需要一个初始样本点，后面的样本点会依据当前样本点随机产生。

（3）收敛

蒙特卡洛计算的次数与计算资源的消耗直接相关，确定合适的计算次数，综合平衡计算次数与精度之间的匹配，对蒙特卡洛方法的应用具有重要作用。单纯指定计算次数，可能存在结果不收敛的情况，计算结果的精度可能无法保证。

9.5.2　认知不确定性分析方法

9.5.2.1　区间分析方法

认知不确定性的最简单方法是区间分析。在区间分析中，假设仅知道不确定性输入变量所在的区间，而不知其分布规律。此时不确定性的传播问题就变成了一个区间分析问题：即给定区间内定义的输入，输出对应的区间是多少？

虽然区间分析在概念上很简单，但在实践中很难确定最优解的方法。直接的方法是使用优化来找到输出兴趣度量的最大值和最小值，其对应于输出的上限和下限区间。求解有界约束问题的优化算法有很多，如有界约束牛顿法等。在工程应用中，可能需要大量的计算来确定这些最优值，特别是当仿真模型非线性比较明显或各个变量之间具有明显的交互效应时。选择优化算法时，应优先选择具有全局优化特性的算法，以免得到局部最优值。

区间分析的另一种方法是从不确定区间输入中采样，然后将基于采样过程的最大和最小输出值作为上下输出界的估计。该方法易于实现，但其精度在很大程度上取决于采样数。通常，该方法得到的输出区间小于最优化得到的区间。

区间分析的其他方法从抽样开始，但随后使用样本创建替代模型（例如回归模型、神经网络、自适应样条模型等）。然后可以对替代模型进行非常广泛的抽样（例如一百万次）以获得上下限估计。另一种方法是使用基于代理的优化方法来获得上下界。

9.5.2.2　Dempster – Shafer 证据理论

Dempster – Shafer 证据理论是经典概率理论的一种推广，可用于进行认知分析。它不要求进行严格概率论假设，在没有多少信息可以评估概率的情况下，或者当信息是非唯一的、模糊的或相互矛盾的情况下，进行不确定性分析。

在 Dempster – Shafer 证据理论中，认知不确定输入变量被建模为区间集。每个变量可以由一个或多个区间定义，如使用三参数 $(S, \tilde{S}, m)$ 描述，其中：S 为全集，$\tilde{S}$ 为 S 的一个子集，m 为名义算子。

在经典概率论中，S 和 $\tilde{S}$ 定义相似，其主要区别在于，$\tilde{S}$ 可以作为一个聚焦元，并不一定是 S 集的子域。

计算时，为每个区间 U 分配一个基本概率分配（Basic Probability Assignment，BPA），指示不确定输入落在该间隔内的可能性，有

$$m(U) = \begin{cases} > 0 & (U \in \tilde{S}) \\ 0 & (U \subset S \text{ 且 } U \notin \tilde{S}) \end{cases} \tag{9-12}$$

特定不确定输入变量 BPA 的和必须为 1，即

$$\sum_{U \in \tilde{S}} m(U) = 1 \tag{9-13}$$

区间可以是重叠的、连续的或有间隙的。Dempster – Shafer 证据理论有两种不确定性的衡量标准，对于不确定事件 ε 有信念 $\text{Bel}(\varepsilon)$ 和似然性 $\text{Pl}(\varepsilon)$

$$\text{Bel}(\varepsilon) = \sum_{\{U \mid U \subset \varepsilon, U \in \tilde{S}\}} m(U) \tag{9-14}$$

$$\text{Pl}(\varepsilon) = \sum_{\{U \mid U \cap \varepsilon \neq \varnothing, U \in \tilde{S}\}} m(U) \tag{9-15}$$

传播区间计算置信度（与证据一致的概率值的下限）和似然性（与证据一致的概率值的上限）。信念和似然性共同定义了区间值概率分布，而不是单一的概率分布。这使得 Dempster – Shafer 证据理论可以处理一些非常规的概率事件，如在经典概率中，一些自相矛盾的输入条件会被舍弃，而 Dempster – Shafer 证据理论则可综合全部输入进行分析。

计算信念结构的过程包括四个主要步骤：

1）定义一个包含非空证据集的 d 维超立方的事件集合；

2）计算每个超立方的基本概率分配 BPA；

3）通过模型传递每个超立方体，并获得每个超立方体内的响应边界；

4）获取每个超立方的 BPA 最大值和最小值，从而确定响应的累积置信度和似然度函数。

9.6　灵敏度分析

9.6.1　概述

灵敏度分析用于确定哪些输入设计参数对响应影响最大。这个信息在进行优化研究之前很有帮助，因为它可用于删除对响应影响不明显的设计参数，以减少需要优化的参数数目。此外，该技术可以提供对响应函数行为（平滑或非平滑、单峰或多峰）的评估，这在优化算法选择、不确定性量化和相关方法中非常重要。在获得优化解之后，灵敏度信息可用于确定响应函数对于优化设计点的微小变化是否稳健。

9.6.2　局部灵敏度分析

局部灵敏度分析用于分析输入参数对响应的局部影响，如参数在某一位置附近出现随机波动时对响应的影响。局部灵敏度分析方法主要适用于数学表达式简单、灵敏度微分方差容易推导、不确定性因素较少的情形。常用的局部灵敏度分析方法包括：

（1）直接求导法（Direct derivation method）

适用于输入因素少、方程简单、容易推导灵敏度微分方程的系统。直接法是对输入参数进行微分，得到灵敏度微分方程，结合初值问题的微分方程的解，得到灵敏度矩阵。

（2）伴随矩阵法（Adjoint matrix method）

直接法在输入参数较多时，计算求解比较困难，此时，可构造一个伴随矩阵，可降低直接法的求解计算量。

（3）有限差分法（Finite difference method）

当对变量进行微分计算比较困难时，可以通过有限差分近似计算响应对输入的近似导数，得到近似的灵敏度矩阵。

（4）复变量方法（Complex variable method）

复变量方法是对响应函数在点 x 处进行泰勒展开，步长为虚数 ih，然后利用实部虚部相等的原理，得到一阶和二阶导数，复变量方法精度较高，算法容易实现，目前已得到较广泛的应用。

9.6.3　全局灵敏度分析

全局灵敏度分析研究各个输入参数在全局上对响应的影响，其计算的范围可以是参数的整个定义域。可以对非线性、非单调模型进行分析。目前主要包括如下的方法：

（1）DOE 分析与基于方差的全局灵敏度分析

DOE 分析与基于方差的灵敏度分析的使用可参见基于 DOE 分析的关键部件识别一章。

（2）混沌多项式方法

假设响应与输入之间的函数关系式为：$y = f(x)$（$x = [x_1, x_2, \cdots, x_d]$）。混沌多项式可以写成如下的形式

$$Y(x) = c_0 \psi_0 + \sum_{i_1=1}^{N} c_{i_1} \psi_1(\xi_{i_1}(x)) + \sum_{i_1=1}^{N} \sum_{i_2=1}^{i_1} c_{i_1,i_2} \psi_2(\xi_{i_1}(x), \xi_{i_2}(x)) + \cdots \quad (9-16)$$

紧凑形式如下

$$Y(x) = \sum_{i=0}^{\infty} c_i \Phi_i(\xi) \quad (9-17)$$

式中，c_i 为待求的混沌多项式系数；$\Phi_i(\xi)$ 为正交多项式；$\xi = [\xi_1, \xi_2, \cdots, \xi_d]$，为标准随机变量，$\xi_i$ 与 x_i 之间存在一定的关系，由两者的分布形式确定。

混沌多项式实际计算时，取有限项，可表示为

$$\widetilde{Y}(x) = \sum_{i=0}^{p-1} c_i \Phi_i(\xi) \quad (9-18)$$

求解多项式后，可方便的得到响应的各项统计信息，其均值和方差分别可表示为

$$E[\widetilde{Y}(x)] = c_0 \quad (9-19)$$

$$\mathrm{Var}[\widetilde{Y}(x)] = \sum_{i=0}^{p-1} c_i^2 E[\Phi_i^2] \quad (9-20)$$

9.6.4　灵敏度的度量

进行灵敏度分析的目的之一是找到对响应影响最大的输入参数，而影响的程度需要一个定量的表征，这些表征包括：

（1）Sobol 指标

可以通过混沌多项式求解灵敏度系数。首先将多项式求和改写为递增求和的形式

$$\widetilde{Y}(x) = c_0 + \sum_{i=1}^{N} \sum_{\alpha \in I_i} c_\alpha \psi_\alpha(x_i) + \sum_{1 \leqslant i_1 < i_2 \leqslant N} \sum_{\alpha \in I_{i_1,i_2}} c_\alpha \psi_\alpha(x_{i_1}, x_{i_2}) + \cdots$$

$$\sum_{1 \leqslant i_1 < \cdots < i_s \leqslant N} \sum_{\alpha \in I_{i_1,i_2,\cdots,i_s}} c_\alpha \psi_\alpha(x_{i_1}, x_{i_2}, \cdots, x_{i_s}) + \cdots + \sum_{\alpha \in I_{i_1,i_2,\cdots N}} c_\alpha \psi_\alpha(x_{i_1}, x_{i_2}, \cdots, x_N)$$

$$(9-21)$$

其中

$$I_{i_1,\cdots,i_s} = \begin{cases} \alpha \in (\alpha_1, \alpha_2, \cdots, \alpha_n) : \alpha_k = 0 \\ k \notin (i_1, \cdots, i_s) \, \forall k = 1, \cdots, n \end{cases} \quad (9-22)$$

可以推导出

$$D_{i_1,\cdots,i_s} = \sum_{\alpha \in I_{i_1,\cdots,i_s}} c_\alpha^2 \quad (9-23)$$

定义 Sobol 灵敏度指标为

$$S_{i_1,\cdots,i_s} = D_{i_1,\cdots,i_s} / Var[\widetilde{Y}] \tag{9-24}$$

其中，S_i 称为主效应敏感度指标，表征单个输入对响应方差的贡献。定义 S_i^{T} 为总响应指标

$$S_i^{\mathrm{T}} = S_i + \sum_{j<i} S_{j,i} + \sum_{j<k<i} S_{j,k,i} + S_{1,2,\cdots,N} \tag{9-25}$$

它表征单个输入与其他输入相互作用下对响应方差的总贡献。

（2）相关

相关系数表征输入 x_j 与响应 y 之间的线性关系，其表达式为

$$c(x_j, y) = \frac{\sum_{i=1}^{n}(x_{ij} - \bar{x}_j)(y_i - \bar{y})}{\left[\sum_{i=1}^{n}(x_{ij} - \bar{x}_j)^2\right]^{1/2}\left[\sum_{i=1}^{n}(y_i - \bar{y})^2\right]^{1/2}} \tag{9-26}$$

其中

$$\bar{x}_j = \frac{1}{n}\sum_{i=1}^{n}x_{ij} \ , \ \bar{y} = \frac{1}{n}\sum_{i=1}^{n}y_i$$

$c(x_j, y)$ 的值介于 -1 和 1 之间，正值表示 x_j 和 y 倾向于同时增大和减小，负值表示 x_j 和 y 的增减方向相反。此外，$c(x_j, y)$ 绝对值从 0 到 1 的变化，对应于 x_j 和 y 之间的非线性关系到精确线性关系的趋势。

（3）偏相关

偏相关的计算过程如下，首先构造两个回归方程

$$\hat{x}_j = c_0 + \sum_{\substack{p=1 \\ p \neq j}}^{nX} c_p x_p$$

$$\hat{y} = c_0 + \sum_{\substack{p=1 \\ p \neq j}}^{nX} c_p x_p \tag{9-27}$$

然后，定义两个新的变量，$x_j - \hat{x}_j$ 和 $y - \hat{y}$。计算 $x_j - \hat{x}_j$ 和 $y - \hat{y}$ 之间的相关系数，即为 x_j 和 y 之间的偏相关系数。

x_j 和 y 之间的偏相关系数是在剔除其他元素线性影响后的相关分析，它提供了一个变量重要性的度量，它倾向于排除的其他元素与 x_j 分布假设的影响后，确定 x_j 对 y 的不确定性的影响程度。

9.7　近似模型

9.7.1　概述

不确定性分析过程中，需要进行多次输入 X 到响应 Y 的计算，如果响应计算过程中需要的计算量比较大，例如每次计算都调用有限元软件进行大规模求解，则进行不确定性分析时结果收敛所需的计算量可能十分巨大，甚至使计算在实际工程中变成不可行。此

时，一个解决方法是用简化模型代替原来的求解模型，通过简化模型实现收敛所需的计算次数。这个模拟输入/响应计算关系的简化模型称为近似模型（Approximation Model）、代理模型（Surrogate Model）或元模型（Metamodelling Model）。采用近似模型的好处首先是简化计算，其次，简化过程可以看成是一个"滤波"过程，这有利于降低算法对噪声的敏感，也有利于优化过程收敛到全局最优解。近似模型的建立过程是：

1）基于实验设计、物理实验和工程经验等技术选取样本点；

2）通过仿真计算程序计算原始模型下选取样本点对应的响应值；

3）用回归、拟合或插值的方法创建近似模型；

4）对得到的近似模型进行验证，如果可信度不够，则返回到上一步，甚至第一步，重新进行以上步骤；否则，以近似模型替代原始仿真程序作为近似模型，进行后续计算。

9.7.2 拟合

以抽样数据代入原始仿真模型，获得对应的响应输出。这些数据被称为训练数据。这些训练数据一般要进行标准化处理（如去均值、归一化等），以克服参数单位的影响。然后，使用简化模型建模技术对其进行建模。使用的训练数据越多，简化模型的性能就越好。然而，也存在一种可能性，即训练数据可能是完美拟合的，但在非采样数据点上存在比较大的拟合误差，这种现象称为过拟合。可以通过使用正则化降低模型复杂性的泛化方法来避免：限制系数向量的欧几里德范数，以避免不必要的大系数；或进行剪裁，在拟合之前或之后减少系数的数量，以避免系数过多。

可以采用 Akaike 准则（AIC）进行拟合优度和模型复杂性之间的权衡，以避免过拟合[1]

$$AIC = n\log(SSE) + 2n_p \tag{9-28}$$

式中　n——训练样本数；

　　　SSE——误差平方和；

　　　n_p——有效参数的数量。

AIC 值最低的模型表示一个模型在误差最小和系数数目最少之间具有最佳平衡，它增强了模型的泛化能力。

9.7.3 验证

为了验证近似模型的性能，需要根据非抽样点数据，即所谓验证数据，而不是训练数据来评估其拟合优度。因此，通过采样方法创建额外的不用于拟合近似模型的输入/输出数据集合，并将其用于将近似模型的预测与原始模型的输出进行比较。

拟合优度可以通过几个指标来确定。其中，均方根误差（Root Mean Squared Error，RMSE）、决定系数（Coefficient of Determination，R^2）和最大绝对误差（Maximal Absolute Error，MAE）是常用的指标。它们由下式给出[2]

$$RMSE = \sqrt{\frac{1}{n}\sum_{i=1}^{n}(\hat{y}_i - y_i)^2} \tag{9-29}$$

$$R^2 = 1 - \frac{\sum\limits_{i=1}^{n} (\hat{y}_i - y_i)^2}{\sum\limits_{i=1}^{n} (\bar{y} - y_i)^2} \tag{9-30}$$

$$\mathrm{MAE} = \max(|\hat{y}_1 - y_1|, \cdots, |\hat{y}_n - y_n|) \tag{9-31}$$

式中　y_i ——原始模型的输出；

　　　$\hat{y}_i$ ——简化模型的输出；

　　　$\bar{y}$ —— n 个抽样点原始模型输出的均值。

　　RMSE 是测量简化模型和原始输出之间误差的标准偏差。它表示简化模型的整体逼近能力，值越小，拟合程度越高。决定系数 R^2 是总体近似值的相对指标，其值在 0～1 之间。它表示原始模型输出和简化模型输出之间的相关性，R^2 值为 1 表示完全相关。MAE 表示最大绝对误差，是简化模型局部逼近能力的指标。RMSE 和 MAE 可以相对于模拟输出的标准偏差进行，以便在不同量级的多个输出之间进行比较。

　　除了上面用具体指标进行直接验证以外，还存在一个称作交叉验证（Cross-alidation）的方法[3]。交叉验证用于预测模型对未知数据的泛化程度，数据被随机划分为 k 个分区。在除 k 个分区以外的每个分区上建立模型，然后用 k 个分区的数据对输出的拟合模型计算其拟合优度指标，并根据选取的准则对得到的简化模型进行选取。

　　根据简化模型的目标，可以选择一个或多个验证指标。选择验证标准是简化建模最重要的步骤之一。选取指标的标准取决于问题的类型、简化模型的类型和应用简化模型的目的。良好的预测简化模型应具有较低的 RMSE 和 MAE 以及较高的 R^2。

9.7.4　多项式回归模型

　　多项式回归（Polynomial Regression，PR）模型是应用最广泛的简化技术之一，它使用最小二乘法在抽样的输入和输出数据之间拟合一个 m 阶多项式。多项式拟合模型用下述函数表示输入和输出关系[4]

$$\hat{y} = b_0 + \sum_{n=1}^{m} \sum_{i=1}^{p} b_{ni} x_i^n + \sum_{n=1}^{m} \sum_{k=1}^{m} \sum_{i=1}^{p} \sum_{j=1}^{p} b_{nkij} x_i^n x_j^k \tag{9-32}$$

式中　$\hat{y}$ ——估计的输出；

　　　x ——输入向量；

　　　p ——输入变量数；

　　　m ——多项式的阶数；

　　　b ——回归系数。

　　多项式回归模型具有如下优点：

　　1）通过较少的抽样点在局部范围内建立比较精确的逼近函数关系，并用简单的代数表达式展现出来。

　　2）通过回归模型的选择，可以拟合复杂的响应关系，具有良好的鲁棒性。

　　3）数学理论基础充分扎实，系统性、实用性强，适用广泛。

4）多项式回归模型用于优化时，具有比较好的加速效果。

其缺点是：

1）不能保证拟合模型通过所有的抽样点，因此存在一定的误差。

2）对于高度复杂的函数关系的逼近效果不如神经网络等方法好。

3）如果不能确定数据符合多项式规律，则不适合在整个参数空间建立简化模型。

9.7.5　多元自适应回归样条模型

多元自适应回归样条（Multivariate Adaptive Regression Splines，MARS）模型的公式为[5]

$$\hat{y} = \sum_{i=1}^{k} c_i B_i(\boldsymbol{x}) \tag{9-33}$$

式中　$\hat{y}$ ——估计的输出；

$\boldsymbol{x}$ ——输入向量；

k ——基函数 $B_i(x)$ 的阶数；

c_i ——权系数。

MARS 模型的基函数由常数、铰链函数（Hinge Functions）和铰链函数的乘积构成，因此可以描述输入/输出之间的非线性关系。其表达式可以定义为

$$B_i(x) = \prod_{k=1}^{K_m} \left[s_{k,m} (x_{v(k,m)} - t_{k,m}) \right]_{+}^{q} \tag{9-34}$$

式中　K_m —— m 阶基函数系数的数量。

铰链函数和权系数通过正向选择和反向删除迭代方法确定。MARS 可以表示复杂的多模态数据趋势，通过回归计算生成表示曲面的模型，它不能保证通过所有的响应数据值，因此，像多项式回归模型一样，它具有平滑数据的效果。

9.7.6　克里格模型

克里格（Kriging）模型是与多项式回归类似的全局回归模型，该模型通过高斯过程来插值残差。其表达式为[6]

$$\hat{y} = \sum_{i=1}^{k} b_i h_i(\boldsymbol{x}) + Z(\boldsymbol{x}) \tag{9-35}$$

式中　$\hat{y}$ ——估计的输出；

$\boldsymbol{x}$ ——输入向量；

k ——基函数 $h_i(x)$ 的阶数；

b_i ——由最小二乘法确定的回归系数；

$Z(x)$ ——0 均值，方差为 σ^2 的高斯随机过程，且任意两个输入矢量的相关函数为 $\psi(x, x')$。

一个典型的相关函数为

$$\psi(x,x') = \exp\left(-\sum_{i=1}^{p} \theta_i |x_i - x'_i|\right) \qquad (9-36)$$

有几种可用的相关函数类型，它们都由与输入向量维数 p 相同的相关参数 θ 确定。这些相关函数预示了这些点中的残差。样本点间距离越小，其中一个点的预测影响就越大。因此，选择令人满意的相关函数和相关参数值对于该方法至关重要，前者必须由用户选择，而后者则由最大似然估计自动确定。

由于 Kriging 模型具有超参数误差，因此它可以用来模拟具有多个局部极小值和极大值的斜坡不连续曲面，也可用于研究参数空间中的全局响应值变化趋势。

9.7.7 径向基函数网络

径向基函数网络（Radial Basis Function Network）模型表达式为

$$\hat{y} = \sum_{i=1}^{k} w_i h_i(\boldsymbol{x}) \qquad (9-37)$$

式中 $\hat{y}$ ——估计的输出；

  $\boldsymbol{x}$ ——输入向量；

  k ——基函数 $h_i(x)$ 的阶数；

  w_i ——系数。

基函数可以有多种，其中高斯基函数为

$$h_i(x) = \exp\left(-\frac{\|x - c_i\|^2}{r_i^2}\right) \qquad (9-38)$$

式中 c_i ——基函数的中心；

  r_i ——径向基函数 h_i 的半径。r_i 越大，其宽度越大，对其他基函数的影响也越大。

径向基函数网络具有如下优点：

1）对复杂函数具有良好的逼近能力；

2）为黑箱模型，不需要数学假设；

3）学习速度快，具有极好的泛化能力；

4）具有较强的容错能力，即使样本中含有噪声，仍能保证较好的整体性能。

径向基函数的缺点是构造模型所需的时间较长。

参 考 文 献

［1］ L. Ljung，System Identification：Theory for the user，Upper Saddle River，NJ，Prentice – Hal PTR，second edition edn. ，1999.

［2］ Gelder L V，Da S P，Janssen H，et al. Comparative study of metamodelling techniques in building energy simulation：Guidelines for practitioners ［J］. Simulation Modelling Practice & Theory，2014，49：245 – 257.

［3］ Dakota，A. Multilevel Parallel Object – Oriented Framework for Design Optimization，Parameter Estimation，Uncertainty Quantification，and Sensitivity Analysis：Version 6. 14 User' s Manual.

［4］ Jin，R. ，Chen，W. & Simpson，T. Comparative studies of metamodelling techniques under multiple modelling criteria. Struct Multidisc Optim 23，1 – 13 （2001）.

［5］ Friedman，Jerome H. 1991. Multivariate Adaptive Regression Splines. *The Annals of Statistics* . JSTOR，1 – 67.

［6］ J. Sacks，W. J. Welch，T. J. Mitchell，et al. Design and Analysis of Computer Experiments，Statistical Science 4 （4） （1989） 409 – 423.

第 10 章　层合结构不确定性传递

10.1　概述

复合材料层合板是目前航天器结构中应用最广泛的尺寸稳定结构材料。不确定性在复合材料层合板中的传递包括两个层面，一是从微观的材料组分出发，二是从材料设计角度出发。前者包括材料组分的不确定性，如纤维体积含量；材料特性的不确定性，如弹性模量和热膨胀系数的不确定性等。后者包括构成材料的不确定性，如单向复合材料的弹性模量和热膨胀系数、设计的铺层角等。本章将就几种常见的复合材料层合结构的不确定性传递规律进行分析，由此可以得到对尺寸稳定性设计具有指导意义的结论。

10.2　单向复合材料不确定性传递

10.2.1　概述

单向复合材料的工程参数由纤维和基体的材料参数共同确定，目前有多重理论方法和数值仿真的方法可供使用，各种方法的适用范围和精度各不相同。为简化计算，本书在计算单向复合材料的工程参数时，采用了 5.3.2.1 节所列的公式，由纤维和基体的材料参数进行单向复合材料宏观工程常数的计算。

10.2.2　分析材料选择

本书选择的纤维包括 T300、P75、C6000、HMS、P100、K13C - 2U、M40J 和 M55J，选择的基体包括 5208、934、930、CE339、PMR15、Borosilicate、Al、914、Cyanate Ester、954 - 3 等，在纤维体积含量方面，包括了 40%、47%、48% 等。各种参数见表 10 - 1。基体材料特性见表 10 - 2。

表 10 - 1　纤维材料特性

纤维	E_1 /GPa	E_2 /GPa	G_{12} /GPa	ν_{12}	$\alpha_{1/}$（$\times 10^{-6}$/℃）	$\alpha_{2/}$（$\times 10^{-6}$/℃）
T300,C6000	233.13	23.11	8.97	0.20	-0.54	10.08
HMS	379.35	6.21	7.59	0.20	-0.99	6.84
P75	550.4	9.52	6.9	0.20	-1.35	6.84
P100	796.63	7.24	6.9	0.20	-1.4	6.84
M40J	377	16	30.3	0.2	-0.83	6.84

续表

纤维	E_1 /GPa	E_2 /GPa	G_{12} /GPa	ν_{12}	$\alpha_{1/}$ $(\times 10^{-6}/℃)$	$\alpha_{2/}$ $(\times 10^{-6}/℃)$
M55J	540	8.3	17.5	0.18	-1.1	6.84
K13C - 2U	896	6.89	560	0.19	-1.1	18

表 10 - 2 基体材料特性

基体	E /GPa	G /GPa	ν	α /$(\times 10^{-6}/℃)$
934,5208,930,CE339	4.35	1.59	0.37	43.92
PMR15	3.45	1.31	0.35	36
Al	73.11	27.58	0.33	23.22
Borosilicate	62.76	26.2	0.2;	3.24
Cyanate Ester	3.3	1.0978	0.38	52
954－3	2.8	1.01	0.38	55.8
914	4	1.44	0.39	45

这些材料的特性覆盖了工程常见的纤维体积含量，从高强到高模的纤维，不同特性的树脂，以及它们之间的不同材料组分和特性的组合，基本上覆盖了目前航天器结构中使用层合复合材料的各种特性，具有非常强的普适性。部分材料的基本特性在文献 [1-5] 中已经进行了比较深入的研究，本书选取这些材料也是为了计算时基准值处于一个比较合理的区间，而不是随意假设导致失去合理性。其他一些参数的选取参考了文献 [6-8] 中的数据。需要说明的是，即使是相同的纤维、基体，相同的纤维体积含量，生产工艺的不同，甚至是同一生产厂家不同批次的产品，也可能导致单向材料工程参数特性的不同，但本章的目的是研究不确定性的传递，这些基准参数的不同对不确定性的传递规律的影响是比较小的，因此，本书的研究具有一定的普适性。

10.2.3 基于蒙特卡洛方法的不确定性传递

10.2.3.1 概述

当已知不确定性参数的统计特性时，蒙特卡洛方法是最经典的不确定性传递分析方法，本节从该方法开始，研究由组成材料的参数不确定性到单向复合材料的不确定性的传递问题。尽管采用随机抽样方法具有最好的精度和对各种问题最好的适应性，但考虑到计算量问题，本书采用了超立方抽样方法（LHS）进行计算数据的抽样。

10.2.3.2 参数统计特性假设

目前关于材料不确定性的概率分布的假设存在不同的方法，将材料特性不确定性的分布假设正态、对数正态或威布尔概率定律的方法都有[9-13]，一般来说，刚度数据符合正态分布，强度数据符合对数正态或威布尔分布。本书的研究重点是不确定性传递，对具体分布规律的研究不是本书的重点，因此，根据大多数文献采用的方法，本书后面的计算假设材料的不确定性服从正态分布。

从目前已知的文献看，各种材料的不确定性离散区间大概在标称值的 5%～20% 之间[13-16]。本书在仿真中假设不确定性的正态分布方差为标称值的 10%。

10.2.3.3　分析结果

针对表 10 - 3 中的各种材料组分进行了不确定性传递分析，定义某参数 P 的离散系数为

$$P_{cv} = \frac{\mathrm{Var}[P]}{E[P]} \times 100\% \qquad (10-1)$$

从计算结果可以看出，除纵向热膨胀系数离散性比较大，可能会到 200%，泊松比的离散系数基本固定在 10% 左右以外，其他工程常数的离散系数基本在 30% 以内。这与文献［17］的结论非常接近。对于不考虑热变形的设计，材料参数的不确定性特性在传递过程中虽然被放大，但对于参数精度要求不高的结构来说尚可接受，但对于有热变形指标要求的设计，有些材料组分不确定性的放大是不可接受的，如 T300/934/57 的材料组成。图 10 - 1 为蒙特卡洛分析方法得到的离散性分析结果。

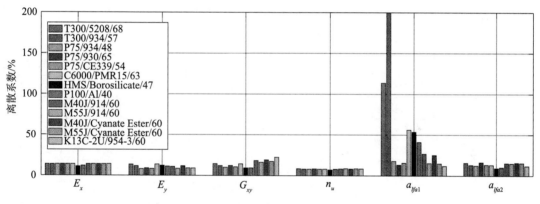

图 10 - 1　蒙特卡洛分析方法得到的离散性分析结果

10.2.4　基于区间理论的不确定性传递

在多数情况下，参数的概率分布是未知的，只是知道参数可能存在的区间，在本节的区间分析中，假设各个参数的分布区间为其标称值的 ±10%，即假设对参数 P，其不确定性区间为

$$[P - 0.1|P|, P + 0.1|P|]$$

定义离散系数为

$$P_{cv} = \frac{V_b - V_a}{2|E[P]|} \times 100\% \qquad (10-2)$$

式中　　V_a，V_b——参数分布区间的上下界。

分析的结果同样列出在表 10 - 3 中。

从计算结果可以看出，区间分析得到的离散性明显大于蒙特卡洛分析的离散性。这与理论上区间分析是一种包络分析，且其计算结果更为恶劣有关。与蒙特卡洛分析类似，除

纵向热膨胀系数离散性较大以外，其他参数的离散性大约在 40% 左右。图 10-2 为区间分析方法得到的离散性分析结果。

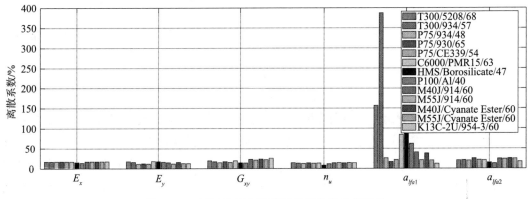

图 10-2　区间分析方法得到的离散性分析结果

表 10-3　单向复合材料不确定性传递特性分析

材料	特性	E_1	E_2	G_{12}	m_u	a_1	a_2
T300/5208/68	标称值	1.6e+11	1.31e+10	4.5e+09	0.254	$-1.37e-07$	2.44e-05
	蒙特卡洛	13.91%	13.49%	14.45%	8.51%	113.69%	15.65%
	区间分析	17.06%	17.48%	19.54%	14.36%	156.73%	20.99%
T300/934/57	标称值	1.35e+11	1.1e+10	3.7e+09	0.273	9.75e-08	2.95e-05
	蒙特卡洛	13.84%	11.66%	12.09%	8.06%	199.87%	13.05%
	区间分析	16.94%	15.79%	17.12%	13.38%	387.31%	21.75%
P75/934/48	标称值	2.66e+11	6.39e+09	2.95e+09	0.288	$-9.54e-07$	3.17e-05
	蒙特卡洛	13.99%	8.07%	10.03%	8.02%	17.81%	12.32%
	区间分析	17.16%	11.32%	14.59%	12.67%	26.58%	20.52%
P75/930/65	标称值	3.59e+11	7.29e+09	3.78e+09	0.26	$-1.15e-06$	2.35e-05
	蒙特卡洛	14.05%	9.04%	12.18%	8.34%	13.12%	16.30%
	区间分析	17.26%	12.26%	17.22%	14.08%	17.24%	25.99%
P75/CE339/54	标称值	2.99e+11	6.7e+09	3.21e+09	0.278	$-1.04e-06$	2.88e-05
	蒙特卡洛	14.01%	8.33%	10.61%	8.02%	15.52%	13.32%
	区间分析	17.20%	11.65%	15.45%	13.14%	22.36%	22.14%
C6000/PMR15/63	标称值	1.48e+11	1.08e+10	3.65e+09	0.256	$-2.13e-07$	2.25e-05
	蒙特卡洛	13.94%	13.77%	14.31%	8.06%	55.99%	13.13%
	区间分析	17.10%	17.87%	19.43%	13.53%	84.26%	21.32%
HMS/Borosilicate/47	标称值	2.12e+11	3.12e+10	1.54e+10	0.2	$-3.14e-07$	3.21e-06
	蒙特卡洛	11.11%	12.23%	9.28%	7.13%	53.53%	9.20%
	区间分析	15.28%	17.32%	14.22%	7.96%	87.78%	15.47%

续表

材料	特性	E_1	E_2	G_{12}	m_u	a_1	a_2
P100/Al/40	标称值	3.63e+11	4.1e+10	1.69e+10	0.278	1.63e−06	1.76e−05
	蒙特卡洛	11.95%	11.26%	9.34%	7.93%	41.05%	10.09%
	区间分析	13.92%	16.11%	13.98%	11.72%	62.46%	13.22%
M40J/914/60	标称值	2.28e+11	9.14e+09	4.98e+09	0.276	−4.97e−07	2.71e−05
	蒙特卡洛	13.99%	10.86%	18.33%	8.31%	26.67%	15.27%
	区间分析	17.17%	14.88%	22.90%	13.96%	40.89%	25.21%
M55J/914/60	标称值	3.26e+11	6.24e+09	4.47e+09	0.264	−8.65e−07	2.7e−05
	蒙特卡洛	14.04%	8.52%	16.23%	8.69%	15.23%	14.88%
	区间分析	17.25%	11.73%	21.13%	14.59%	21.75%	24.50%
M40J/Cyanate Ester/60	标称值	2.28e+11	8.34e+09	3.94e+09	0.272	−5.13e−07	3.02e−05
	蒙特卡洛	14.02%	11.69%	19.17%	8.22%	25.14%	15.77%
	区间分析	17.21%	15.80%	23.57%	13.80%	38.38%	25.90%
M55J/Cyanate Ester/60	标称值	3.25e+11	5.78e+09	3.62e+09	0.26	−8.77e−07	3.01e−05
	蒙特卡洛	14.06%	9.11%	17.33%	8.60%	14.83%	15.43%
	区间分析	17.28%	12.65%	22.08%	14.43%	20.98%	25.27%
K13C−2U/954−3/60	标称值	5.39e+11	4.84e+09	4.13e+09	0.266	−9.77e−07	3.87e−05
	蒙特卡洛	14.11%	9.04%	22.42%	8.40%	11.91%	11.81%
	区间分析	17.35%	12.55%	25.99%	14.11%	12.66%	18.04%

注：表中的材料按照"纤维/树脂/纤维体积含量"规则命名。

10.2.5　灵敏度分析

计算了各种材料组分的复合材料单向层用各个参数 Sobol 指标表示的灵敏度如图 10-3~图 10-8 所示。

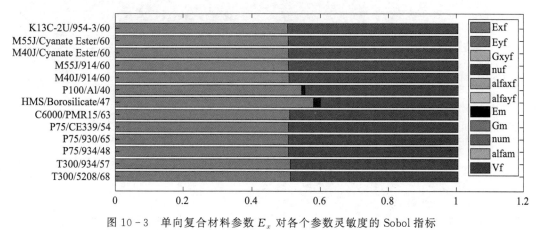

图 10-3　单向复合材料参数 E_x 对各个参数灵敏度的 Sobol 指标

将各个参数的影响规律，在表 10-4 进行汇总，其中，将 Sobol 指标大于 0.1 的参数，

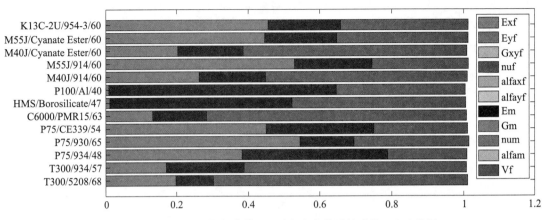

图 10 - 4　单向复合材料参数 E_y 对各个参数灵敏度的 Sobol 指标

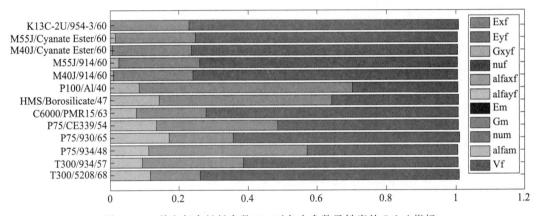

图 10 - 5　单向复合材料参数 G_{12} 对各个参数灵敏度的 Sobol 指标

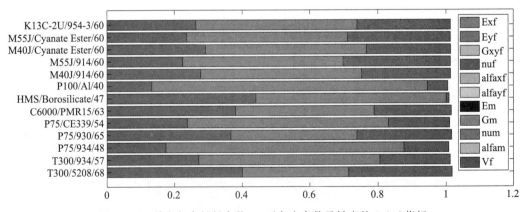

图 10 - 6　单向复合材料参数 ν_{12} 对各个参数灵敏度的 Sobol 指标

定义为影响明显参数，并且将大于各个输入参数的 Sobol 指标进行降序排列后求和，得到图 10 - 9～图 10 - 14 的曲线。

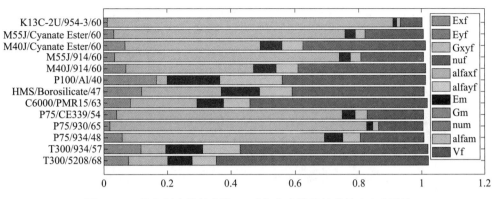

图 10 - 7　单向复合材料参数 α_1 对各个参数灵敏度的 Sobol 指标

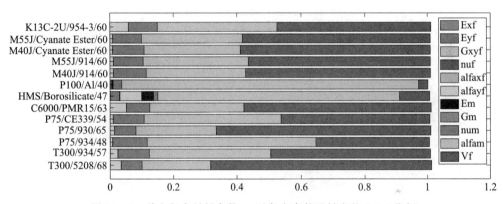

图 10 - 8　单向复合材料参数 α_2 对各个参数灵敏度的 Sobol 指标

表 10 - 4　Sobol 指标汇总

响应参数	Sobol 指标大于 0.1 的参数	各种材料大于 0.1 的 Sobol 指标参数累加和
E_1	E_{xf} , V_f	$0.99\sim1$
E_2	E_{yf} , E_m , V_f	$0.99\sim1$
G_{12}	G_{xyf} , G_m , V_f	$0.91\sim1$
ν_{12}	ν_{12f} , ν_m , V_f	$0.94\sim1$
α_1	α_{1f} , V_f 个别材料包含 E_{xf} , E_m , α_m	$0.77\sim0.98$
α_2	α_m , V_f	$0.76\sim1$

由表 10 - 4 可以看出，各个参数的影响程度相差很大，而所有响应的影响明显参数都包含了纤维体积含量 V_f，而从图 10 - 9～图 10 - 14 的曲线可见，E_1、E_2、G_{12}、ν_{12} 基本上仅受到三个参数的影响，而 α_1 和 α_2 也最多受到 5 个参数的影响，也就是说，尽管输入的参数是 11 个，但对于具体的响应而言，不确定性传递影响明显的参数只有 2～5 个，都未超过一半，这为后续进行不确定性传递的研究、控制以及优化参数的选取提供了一个依据。

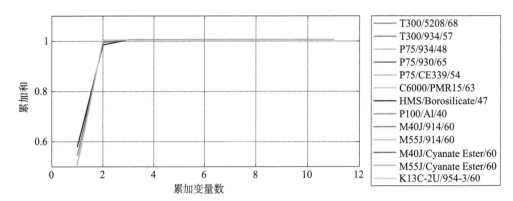

图 10 - 9　单向复合材料参数 E_1 对参数灵敏度的 Sobol 指标累加和

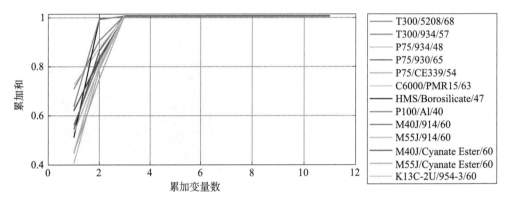

图 10 - 10　单向复合材料参数 E_2 对各个参数灵敏度的 Sobol 指标

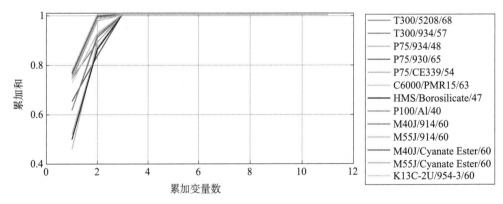

图 10 - 11　单向复合材料参数 G_{12} 对各个参数灵敏度的 Sobol 指标

10.2.6　纤维体积含量的不确定性传递

从工程实际来看,制造结构的复合材料及其组分一旦选定,通过对实际使用材料特性进行测量,可极大地降低材料参数不确定性对材料宏观特性的影响以及不确定性在制造过

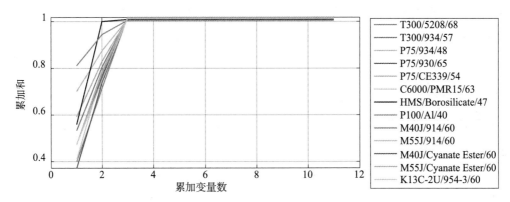

图 10 - 12　单向复合材料参数 ν_{12} 对各个参数灵敏度的 Sobol 指标

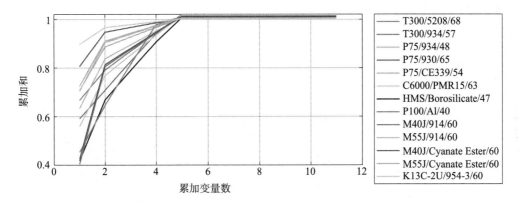

图 10 - 13　单向复合材料参数 α_1 对各个参数灵敏度的 Sobol 指标

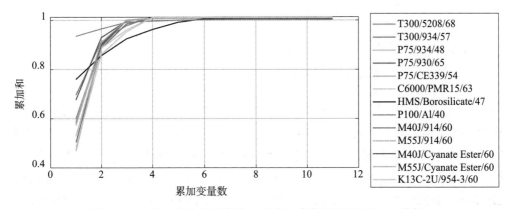

图 10 - 14　单向复合材料参数 α_2 对各个参数灵敏度的 Sobol 指标

程中的传递。但纤维体积含量是目前树脂基复合材料较难控制的工艺参量,尤其对于复杂大型结构,纤维体积含量的高精度控制目前存在实际的困难。有必要就纤维体积含量的不确定性传递进行单独的分析。

目前航天器复合材料结构中常见的纤维体积含量是 60%,下面分别就其中存在不同离散性以及 10% 离散性下不同纤维体积含量的不确定性传递进行了分析。

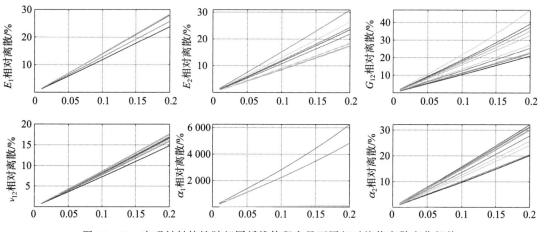

图 10-15　宏观材料特性随相同纤维体积含量不同相对均值离散变化规律

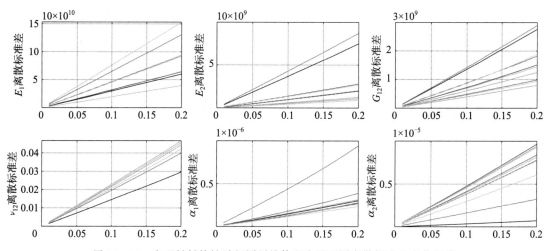

图 10-16　宏观材料特性随相同纤维体积含量不同离散标准差变化规律

　　对于 60% 纤维体积含量复合材料中存在不同离散性的情况，当纤维体积含量的离散从 1% 到 20% 变化时，各个单向复合材料工程常数离散性基本上都以线性规律增加，但各个材料离散性增加的斜率不同，即不确定性对某些单向材料影响较小，有些则很大。尤其对于近零膨胀材料，其热膨胀系数受不确定性的影响特别明显，以 T300/5208/68 为例，其纵向热膨胀系数标称值为 10^{-9} 量级，但当纤维体积含量仅仅发生 10% 左右的变化时，其热膨胀系数就会发生 2 个数量级的变化，这是选择材料时应予以特别关注的一点。

　　由图 10-17 可见，当纤维体积含量变化时，各个参数不确定性的相对变化呈现比较复杂的规律，其中 ν_{12} 在一个比较小的区间内，先降后升，α_1 则在零膨胀附近出现特别巨大的变化，其他参数基本上为单调变化规律。而图 10-18 的方差变化规律则相对简单，都是随纤维体积含量呈现单调变化的规律。

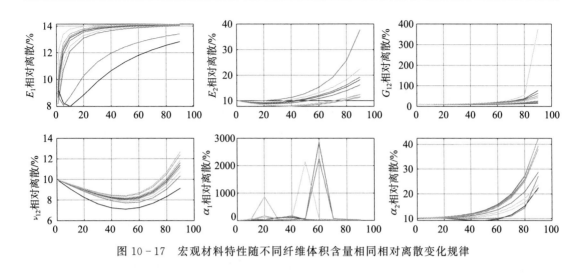

图 10-17 宏观材料特性随不同纤维体积含量相同相对离散变化规律

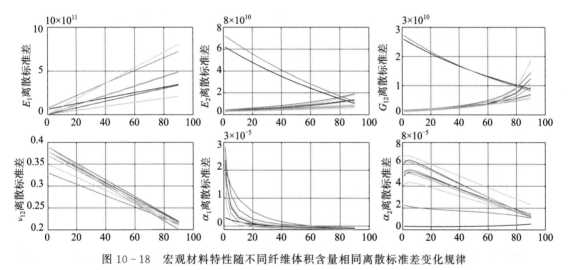

图 10-18 宏观材料特性随不同纤维体积含量相同离散标准差变化规律

10.2.7 小结

从本节的分析可以看出，单向复合材料由组成材料参数与成分组成产生的不确定性传递存在如下规律：

1）离散性存在放大的情况，除纵向热膨胀系数以外，一般是放大 2~4 倍。

2）纵向热膨胀系数更易受到不确定性的影响，尤其在零膨胀附近，其不确定性存在放大特别明显的现象。

3）单向复合材料的每个工程常数的离散性仅受部分参数的影响，这为特定参数的不确定性影响的控制提供了一个依据。

4）纤维体积含量是影响所有参数不确定性的一个主要因素，当需要控制不确定性参数的传递时，在设计和制造过程中，应进行严格控制。

10.3　层合复合材料不确定性传递

10.3.1　概述

层合复合材料由单向复合材料以不同的铺层角堆叠而成，其特性由单向复合材料与各单向层的铺层角共同确定。因此，在研究层合板中的不确定性传递规律时，有必要同时考虑单向层材料特性和铺层角的不确定性对层合板宏观特性的影响。

10.3.2　层合板参数选择

层合板存在无穷多的铺层角和材料的组合，本节将对工程设计中几种经常采用的铺层角进行分析，这些铺层角组合包括 [0/90]，[0/90] s、[0/45/−45/90]、[0/45/−45/90] s、[0/60/−60]、[0/60/−60] s、[0/0/0/45/−45/90] 和 [0/0/0/45/−45/90] s。这些铺层角有对称的和非对称的，有准各向同性的，也有各向异性的，在铺层角的设计中具有一定的代表性。虽然在尺寸稳定结构中几乎不单独使用非对称铺层，但在蜂窝板表板等结构中，非对称铺层还是非常常见的设计。

被研究不确定性影响的参数选定为层合板的宏观等效热膨胀系数而不是依据经典层合板理论计算得到的层合板热膨胀系数，即定义层合板沿 x 方向的宏观等效热膨胀系数为

$$\alpha_x = \frac{\Delta L_x}{\Delta T L_x} \tag{10-3}$$

式中　ΔT ——相对于参考值的温度变化；

　　　L_x ——沿 x 方向的两点之间的距离；

　　　ΔL_x ——两点之间距离的变化。

　　　α_y 可依此定义。

计算得到的变形与宏观等效热膨胀系数的值具有直接的线性关系，而用经典层合板理论计算得到的热膨胀系数仅在对称铺层情况下具有线性关系，因此宏观等效热膨胀系数更具有工程意义。

在本章后续的不确定性离散性研究中，材料参数仍然假设具有标称值 10％的离散性。而铺层角，根据目前的工程现状，假设为具有 1°的方差。

分别采用经典层合板理论与结合了细观力学的经典层合板理论，计算了几种铺层角下的不确定性传递。主要目的是研究不确定性在细观理论下与经典层合板理论下传递特性的差异。同时，还计算了材料不确定性、铺层角不确定性和材料与铺层角同时存在不确定性情况下的传递特性，研究目的是看材料特性不确定性与铺层角不确定性哪些因素是主要因素，哪些是次要因素。

本节的不确定性传递分析，针对的材料主要是目前航天器中最常用的 60％纤维体积含量的 T300/914，M40J/914，M55J/914，M40J/Cyanate Ester，M55J/Cyanate Ester。

10.3.3　不确定性传递特性分析

从表 10 - 5 的计算结果，可得到如下结论：

1）相同材料组分，具有相同铺层角组成的层合板，对称铺层相对于非对称铺层具有更低的不确定性传递，即对称铺层的设计更有利于降低材料不确定性的影响。

2）基于传统层合板理论计算得到的不确定性传递与基于细观力学方法得到的不确定性传递相比，约低 50%。换句话说，来自于纤维和基体的不确定性比来自单向复合材料的不确定性大 50% 左右。这说明，为降低不确定性的影响，单向复合材料性能的精确性比纤维和基体性能的精确性更重要。

3）就当前 10% 的材料离散性与 1° 铺层角离散性而言，材料不确定性的影响远远大于铺层角不确定性的影响。这说明，精确控制材料参数比精确控制铺层角可以更好地降低不确定性的影响。

10.3.4　铺层数与不确定性传递

为研究铺层数与不确定性传递的关系，分别针对以 [0/90] s、[0/60/−60] s、[0/45/−45/90] s 和 [0/0/0/45/−45/90] s 为基本单元铺层组合，计算了多个单元铺层组合下的不确定性传递。以 M55 碳纤维/环氧树脂复合材料为例，计算结果见图 10 - 19 和图 10 - 20。由图 10 - 19 和图 10 - 20 可见，无论是不确定性方差还是离散系数，都随铺层数增加明显降低，但超过 40 层，其降低趋势则趋于缓慢，这说明，相同铺层组合下，提高铺层数有利于降低不确定性传递，但增加到一定程度，再增加也不会有进一步明显的改善。

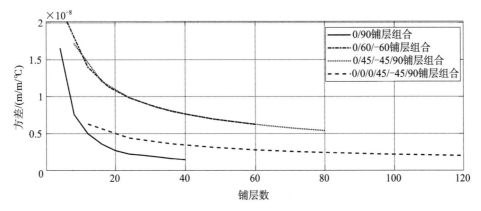

图 10 - 19　层合板不确定性方差随铺层数变化

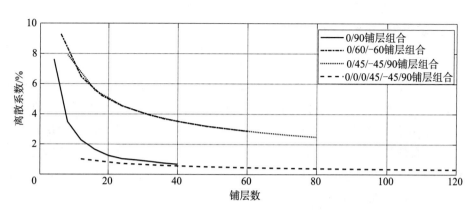

图 10-20   层合板不确定性离散系数随铺层数变化

表 10-5　层合板宏观等效热膨胀系数方差（10^{-6}/℃）

材料组成	计算方法	[0/90]1	[0/90]1s	[0/60/-60]1	[0/60/-60]1s	[0/45/-45/90]1	[0/45/-45/90]1s	[0/0/0/45/-45/90]1	[0/0/0/45/-45/90]1s
T300/914/60	M-CLT	0.964	0.428	1.26	0.428	0.87	0.428	0.431	0.187
	M-MM	1.32	0.624	1.7	0.624	1.21	0.624	0.577	0.367
	MA-CLT	0.964	0.429	1.29	0.434	0.925	0.433	0.45	0.189
	MA-MM	1.33	0.626	1.72	0.632	1.24	0.63	0.594	0.366
	A	0.022 2	0.031 7	0.308	0.072 3	0.315	0.062 1	0.134	0.023 8
M40J/914/60	M-CLT	0.696	0.231	0.934	0.231	0.612	0.231	0.23	0.109
	M-MM	1.02	0.386	1.47	0.386	0.961	0.386	0.323	0.234
	MA-CLT	0.696	0.233	0.971	0.235	0.665	0.234	0.249	0.11
	MA-MM	1.02	0.388	1.49	0.39	0.995	0.389	0.338	0.233
	A	0.0188	0.020 6	0.265	0.038 5	0.264	0.032 9	0.095 9	0.012 3
M55J/914/60	M-CLT	0.466	0.142	0.715	0.142	0.436	0.142	0.126	0.098 4
	M-MM	0.717	0.251	1.16	0.251	0.717	0.251	0.177	0.174
	MA-CLT	0.466	0.144	0.746	0.144	0.488	0.144	0.151	0.098 6
	MA-MM	0.719	0.254	1.17	0.253	0.75	0.253	0.195	0.174
	A	0.018	0.016 8	0.211	0.0202	0.221	0.0171	0.0821	0.006 32
M40J/Cyanate Ester/60	M-CLT	0.741	0.237	1.05	0.237	0.676	0.237	0.235	0.11
	M-MM	1.07	0.384	1.65	0.384	1.05	0.384	0.312	0.228
	MA-CLT	0.741	0.239	1.09	0.24	0.738	0.239	0.26	0.111
	MA-MM	1.07	0.388	1.67	0.389	1.09	0.387	0.332	0.228
	A	0.024	0.026 7	0.289	0.040 1	0.298	0.0342	0.112	0.012 8

续表

材料组成	计算方法	[0/90]1	[0/90]1s	[0/60/−60]1	[0/60/−60]1s	[0/45/−45/90]1	[0/45/−45/90]1s	[0/0/0/45/−45/90]1	[0/0/0/45/−45/90]1s
M55J/Cyanate Ester/60	M−CLT	0.492	0.146	0.805	0.146	0.483	0.146	0.128	0.099 8
	M−MM	0.745	0.251	1.29	0.251	0.784	0.251	0.169	0.172
	MA−CLT	0.493	0.148	0.837	0.148	0.542	0.147	0.162	0.099 9
	MA−MM	0.748	0.255	1.31	0.253	0.822	0.252	0.196	0.171
	A	0.0227	0.021 6	0.228	0.021 1	0.248	0.0179	0.098 6	0.006 59

注：表中计算方法说明：M −材料不确定性传递分析，MA −材料和铺层角同时不确定性传递，A −铺层角不确定性传递，CLT −经典层合板理论，MM −细观力学计算方法。

参 考 文 献

[1] Karadeniz Z H，Kumlutas D. A numerical study on the coefficients of thermal expansion of fiber reinforced composite materials ［J］. Composite Structures，2007，78（1）：1 - 10.

[2] Bowles D E，Tompkins S S. Prediction of Coefficients of Thermal Expansion for Unidirectional Composites ［J］. Journal of Composite Materials，1989，23（4）：370 - 388.

[3] Ran Z，Y Yan，Li J，et al. Determination of thermal expansion coefficients for unidirectional fiber - reinforced composites ［J］. 中国航空学报（英文版），2014.

[4] Guo F，Yan Y，Hong Y，et al. Theoretical prediction for thermal expansion coefficients of unidirectional fiber - reinforced composites with variable elliptical cross - sections ［J］. Polymer Composites，2017.

[5] Lee E S，Lee D G，Lee S H. Opto - mechanical design and analysis of the MSC on the KOMPSAT - 2 ［J］. Proceedings of SPIE - The International Society for Optical Engineering，2005，6024：443 - 449.

[6] Wang M. Micromechanical Analysis of Thermally - Induced Deformations and Stresses in Unidirectional Continuous Carbon Fibre Reinforced Composites ［J］. University of Manchester Manchester Uk，2011.

[7] 袁健. 空间相机碳纤维蜂窝夹层光机结构研究 ［D］. 中国科学院大学（中国科学院长春光学精密机械与物理研究所），2020.

[8] 陈烈民，杨宝宁. 复合材料的力学分析 ［M］. 中国科学技术出版社，2006.

[9] Shiao M C，Singhal S N，Chamis C C. A method for the probabilistic design assessment of composite structures ［J］. nasa sti/recon technical report n，1994.

[10] Shiao M C，Chamis C C. Probabilistic evaluation of fuselage - type composite structures ［J］. Probabilistic Engineering Mechanics，1999，14（1/2）：179 - 187.

[11] Liaw D G，Shiao M C，Singhal S N，et al. Probabilistic simulation of multi - scale composite behavior ［J］. Theoretical ＆ Applied Fracture Mechanics，2004，41（1）：51 - 61.

[12] Christos，C，Chamis，et al. Probabilistic dynamic buckling of composite shell structures ［J］. Composites Part A Applied Science ＆ Manufacturing，2005.

[13] Knight，Norman F.，Moore，David F Stochastic Simulation Tool for Aerospace Structural Analysis，NASA/TM - 2006 - 214500.

[14] Sriramula S，Chryssanthopoulos M K. Quantification of uncertainty modelling in stochastic analysis of FRP composites ［J］. Composites Part A Applied Science ＆ Manufacturing，2009，40（11）：1673 - 1684.

[15] Liaw D G，Singhal S N，Murthy P，et al. Quantification of uncertainties in composites ［J］. aiaa journal，1993.

[16] Xiang Peng，Tong Ye，Jiquan Li，Huaping Wu，Shaofei Jiang，Guohai Chen.（2020）Multi - scale

uncertainty quantification of composite laminated plate considering random and interval variables with data driven PCE method. Mechanics of Advanced Materials and Structures 0: 0, pages 1 – 11.

[17] Rollet Y, Bonnet M, Carrere N, et al. Improving the reliability of material databases using multiscale approaches [J]. Composites Science and Technology, 2007, 69 (1): 73 – 80.

第 11 章　蜂窝夹层结构不确定性传递

11.1　概述

碳纤维增强树脂基复合材料面板（简称碳纤维面板）蜂窝夹层结构（简称蜂窝板）目前在航天器结构中大量应用，其中一部分作为尺寸稳定结构进行设计和使用。因此，本章以碳纤维面板蜂窝夹层结构为研究对象，分析其不确定性的传递规律。当进行刚度分析时，将碳纤维面板蜂窝夹层结构作为层合板建模的精度能够满足一般的工程需求，但当将其作为高精度尺寸稳定结构进行变形分析时，将蜂窝夹层结构基于经典层合板理论进行建模计算的精度则可能不满足要求。其中一个最主要的原因是采用经典层合板理论建模的蜂窝板不能模拟垂直板面方向出现的内部变形，而目前航天器结构中的蜂窝芯多是刚度比较低的铝蜂窝结构，其内部变形对蜂窝板宏观等效热膨胀系数的影响不能忽略。目前碳纤维面板蜂窝板的面板铺层以 [0/±60] 或 [0/±45/90] 这种非对称铺层居多，非对称铺层加剧了蜂窝板的面外变形，这进一步提升了蜂窝芯内部变形的影响。即使碳纤维面板采用对称铺层，但由于碳纤维面板与蜂窝芯之间存在胶层，也使得单侧面板最终仍然是非对称铺层。因此，高精度的尺寸稳定性分析，需要更精细的模型，以更高的精度模拟蜂窝夹层结构的变形。

11.2　蜂窝夹层结构模型

图 11 - 1 是一个三维的蜂窝夹层结构有限元模型。面板和芯子都采用板壳元。面板为碳纤维层合结构，芯子材料为铝合金。面板与芯子之间的胶层合并在碳纤维面板的层合板模型中。该有限元模型共有 10 499 个节点，10 240 个单元。以自由状态均匀温升的方式，计算蜂窝夹层结构中两点之间的等效热膨胀系数。

根据目前航天器结构中材料应用情况，选择单层 0.1 mm 厚的 T300/环氧、M40J/环氧和 M55J/环氧为面板材料，各个面板的纤维体积含量均为 60%。蜂窝芯为边长 5 mm 厚度 0.03 mm 的铝蜂窝，胶层为 0.1 mm 的环氧胶。计算铺层形式包括目前结构中常见的 [0/90]、[0/90] s、[0/±60]、[0/±60] s、[0/±45/90] 和 [0/±45/90] s 等几种准各向同性铺层，以及以某一单方向特性为设计目标的 [0/0/0/45/−45/90] 和 [0/0/0/45/−45/90] s 两种铺层。

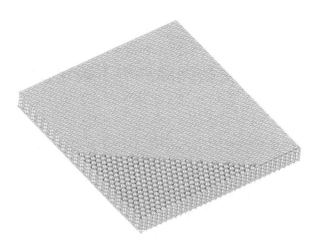

图 11-1　蜂窝夹层结构有限元模型

11.3　不确定性因素

蜂窝夹层结构由多种材料组成，每种材料又包含多种参数，为使分析结果便于工程应用，将不确定性因素进行如下分类：

1）细观力学方法的纤维和基体特性不确定性传递。纤维参数包括 E_1、E_2、G_{12}、ν_{12}、α_1、α_2 的随机化，基体参数包括 E、G、ν、α 的随机化，以及纤维体积含量 V_f 和铺层厚度 h_b 的随机化。

2）经典层合板理论的面板参数不确定性传递。单向复合材料参数包括 E_1、E_2、G_{12}、ν_{12}、α_1、α_2 的随机化。

3）胶层特性不确定性传递，包括胶层 E、G、ν、α 和胶层厚度的随机化。

4）蜂窝芯特性不确定性传递，包括蜂窝芯材料 E、G、ν、α 和芯子壁厚的随机化。

5）铺层角不确定性传递，即各个铺层角的随机化。

6）基于细观力学所有材料参数的不确定性传递，包括纤维、基体、胶、芯子各个材料参数的随机化。

7）基于经典层合板理论所有材料参数的不确定性传递，包括面板、胶、芯子各个材料参数的随机化。

材料参数的随机化仍假设为正态分布，且其方差是标称值的 10%，铺层角方差为 $1°$。

11.4　简化模型

当前的蜂窝夹层结构变形计算需要调用有限元程序，单次计算一次热变形的时间为 $4\,s$ 左右，计算一次不确定性传递需要 $5\,000$ 次蒙特卡洛分析，上节列出的结构要计算 3 种面板、8 种铺层角和 7 种不确定性因素的不确定性传递特性，总的计算时间将达 40 天左右，这还只是调用有限元部分的求解时间，再加上不确定性分析过程自身需要的计算时间，总的计算时间将是不可接受的。因此，需要在不确定性分析过程中引入简化模型以降低计算量。

本节针对图 11-1 所示的蜂窝夹层结构建立了基于 100 个抽样点的克里格简化模型。为验证简化模型的有效性，以面板为 M40J/环氧和 M55J/环氧，铺层角为 [0/90]、[0/90] s、[0/±60]、[0/±60] s 的因素 1 的不确定性传递与有限元模型得到的分析结果进行对比，见表 11-1。

表 11-1　简化模型与有限元模型计算的不确定性传递对比

面板材料	铺层角	计算方法	方差/(1/10⁻⁶℃)		离散系数/%	
			X 向	Y 向	X 向	Y 向
M40J	[0/90]	有限元模型	0.776	17.876	0.834	13.812
		交互模型	0.769	17.722	0.827	13.686
		相对误差	0.869%	0.871%	0.900%	0.918%
	[0/90]s	有限元模型	0.621	20.511	0.595	21.344
		交互模型	0.619	20.434	0.593	21.254
		相对误差	0.338%	0.378%	0.392%	0.422%
	[0/60/−60]	有限元模型	0.649	20.350	0.736	16.813
		交互模型	0.645	20.249	0.735	16.799
		相对误差	0.529%	0.499%	0.107%	0.080%
	[0/60/−60]s	有限元模型	0.547	23.215	0.515	24.790
		交互模型	0.539	22.919	0.508	24.443
		相对误差	1.333%	1.292%	1.448%	1.419%
M55J	[0/90]	有限元模型	0.602	23.532	0.680	16.504
		交互模型	0.604	23.614	0.680	16.502
		相对误差	0.393%	0.347%	0.012%	0.017%
	[0/90]s	有限元模型	0.455	30.238	0.431	32.934
		交互模型	0.455	30.284	0.431	32.988
		相对误差	0.085%	0.153%	0.087%	0.165%
	[0/60/−60]	有限元模型	0.477	29.689	0.569	21.616
		交互模型	0.479	29.818	0.573	21.791
		相对误差	0.425%	0.431%	0.737%	0.803%
	[0/60/−60]s	有限元模型	0.387	40.219	0.359	48.260
		交互模型	0.391	40.610	0.363	48.713
		相对误差	1.061%	0.963%	1.048%	0.932%

由表 11-1 可见，用简化模型与有限元模型计算得到的不确定性传递结果非常接近，最大误差不超过 2%，这说明采用简化模型对图 11-1 所示的有限元模型进行不确定性传递计算的精度是非常高的。而计算时间，两者相差约 80 倍，原来大约需要 40 天的计算，

而采用简化模型仅在不到 12 个小时内得以完成，这说明简化模型技术在这类尺寸稳定性的不确定性传递计算中具有良好的工程实用性。

11.5　传递特性分析

采用蒙特卡洛方法对各种因素影响下的不确定性传递进行了分析，不确定性方差和离散系数的计算结果见表 11 - 2 和表 11 - 3。表中的不确定性因素及其计算方法的编号见 11.3 节。

由分析结果可得到如下结论：

1）因素 1 与因素 2 对比表明，纤维和基体不确定性的传递仍然比单向层合板的传递大，但两者的差别不如第 10 章的层合板结构的差异明显。

2）综合对比各种因素不确定性的传递可以看出，不确定性传递的大小排序是：

细观力学所有材料参数随机化＞细观力学纤维和基体参数随机化＞细观力学面板参数随机化＞经典层合板理论所有材料参数随机化＞经典层合板理论面板参数随机化＞蜂窝芯材料参数随机化＞胶层材料参数随机化＞铺层角参数随机化。

这个顺序表明，控制蜂窝板面板的参数精度是降低不确定性传递的关键，而单向层的参数精度有比纤维和基体参数的精度具有更大的重要性。相对而言，铺层角的参数不确定性的传递最弱。

3）各个因素对不确定性方差和离散系数影响的大小顺序基本上是相同的。

需要说明的是，本章的计算结果针对的是一组特定的参数组合，并非是一个普适性的规律。但本章的结果是针对航天器结构中常见的、不同的纤维（低模量到高模量）、不同的铺层角（多种铺层组合、对称和非对称）的分析，具有一定的工程背景的参数选择，这对于如何控制参数不确定性在蜂窝夹层结构中的传递仍具有工程参考价值。

11.6　灵敏度分析

分别考虑纤维与基体（基于细观力学方法）、面板单向层（基于经典层合板理论）、胶层和蜂窝芯材料单独存在随机性时，不确定性传递过程中各个参数的灵敏度。四种计算情况下各个参数的 Sobol 指标计算结果的盒形图见图 11 - 2～图 11 - 5。图中参数定义参见第 10 章。计算过程中增加了单层纤维厚度 h_F、表板单层厚度 h_B、胶层厚度 h_J 和蜂窝芯壁厚度 h_X 等 4 个参数。

由计算结果可以得到如下结论：

1）纤维/基体参数不确定传递过程中，纤维体积含量 V_f 具有最高的 Sobol 指标，在 0.5 左右，其次是纤维的纵向弹性模量 E_{1f}，在 0.2～0.3 之间，其他参数的影响均在 0.1 以下。

表 11 - 2　等效热膨胀系数的不确定性传递（10⁻⁶/℃）

面板材料	不确定性因素	[0/90]1	[0/90]1s	[0/60/-60]1	[0/60/-60]1s	[0/45/-45/90]1	[0/45/-45/90]1s	[0/0/0/45/-45/90]1	[0/0/0/45/-45/90]1s
T300	因素 1	1	0.87	0.9	0.78	0.81	0.75	0.72	0.71
	因素 2	0.72	0.58	0.63	0.53	0.56	0.5	0.48	0.46
	因素 3	0.24	0.13	0.17	0.09	0.13	0.07	0.096	0.048
	因素 4	0.55	0.36	0.42	0.26	0.33	0.2	0.23	0.14
	因素 5	0.092	0.048	0.039	0.023	0.041	0.02	0.035	0.018
	因素 6	1.2	0.94	1	0.84	0.89	0.79	0.76	0.71
	因素 7	0.94	0.7	0.78	0.59	0.67	0.55	0.55	0.48
M40J	因素 1	0.77	0.62	0.65	0.54	0.55	0.5	0.47	0.47
	因素 2	0.55	0.4	0.44	0.34	0.37	0.31	0.31	0.28
	因素 3	0.18	0.092	0.12	0.064	0.091	0.049	0.064	0.034
	因素 4	0.42	0.26	0.31	0.19	0.24	0.14	0.16	0.098
	因素 5	0.071	0.032	0.027	0.014	0.029	0.012	0.024	0.011
	因素 6	0.9	0.68	0.72	0.59	0.62	0.53	0.51	0.48
	因素 7	0.71	0.49	0.57	0.4	0.46	0.34	0.36	0.3
M55J	因素 1	0.6	0.46	0.48	0.39	0.39	0.35	0.33	0.32
	因素 2	0.43	0.29	0.33	0.24	0.26	0.21	0.21	0.18
	因素 3	0.14	0.07	0.089	0.048	0.065	0.036	0.045	0.025
	因素 4	0.33	0.21	0.24	0.14	0.18	0.11	0.12	0.075
	因素 5	0.058	0.023	0.019	0.008 3	0.022	0.0075	0.017	0.007
	因素 6	0.7	0.51	0.54	0.41	0.44	0.37	0.36	0.33
	因素 7	0.57	0.37	0.42	0.28	0.33	0.24	0.24	0.2

表 11-3　等效热膨胀系数的离散系数 (%)

面板材料	不确定性因素	[0/90]1	[0/90]1s	[0/60/-60]1	[0/60/-60]1s	[0/45/-45/90]1	[0/45/-45/90]1s	[0/0/0/45/-45/90]1	[0/0/0/45/-45/90]1s
T300	因素 1	14.1	15.7	15.6	16.8	17	17.8	18.4	19.1
	因素 2	10	10.6	11	11.5	11.8	12	12.5	12.5
	因素 3	3.41	2.35	3.04	1.97	2.87	1.69	2.49	1.32
	因素 4	7.84	6.56	7.49	5.64	7.14	4.89	5.97	3.73
	因素 5	1.29	0.882	0.69	0.495	0.885	0.492	0.904	0.504
	因素 6	16.3	16.9	17.6	18	18.6	18.9	19.2	19.1
	因素 7	13.2	12.8	13.6	12.7	14.1	13.2	14.1	13.2
M40J	因素 1	17.7	20.4	20.2	22.9	22.8	25.3	26.3	28
	因素 2	12.8	13.4	14.1	14.6	15.6	15.7	17.2	17
	因素 3	4.25	3.11	3.92	2.78	3.87	2.51	3.68	2.07
	因素 4	10	8.98	10.1	8.18	10.2	7.43	9.37	6.04
	因素 5	1.67	1.09	0.86	0.593	1.26	0.626	1.37	0.698
	因素 6	20.9	22.5	22.7	25.3	25.5	26.5	28.6	28.7
	因素 7	16.6	16.4	18.1	17	19.2	17.5	20.4	18.3
M55J	因素 1	23.6	30.3	29.8	40.6	38.8	51.4	61.3	73.5
	因素 2	17.1	19.9	20.7	25.4	26.8	31.7	40.1	45.1
	因素 3	5.67	4.83	5.81	5.26	6.79	5.72	9.14	6.41
	因素 4	13.6	14.4	15.6	15.8	18.9	17.2	24.7	19
	因素 5	2.35	1.61	1.23	0.916	2.31	1.17	3.43	1.77
	因素 6	27.4	33.7	33.7	42.8	43.8	54.1	66.7	77.2
	因素 7	22.4	25.3	26.8	30.1	33.2	36.6	47	49.3

2）面板参数不确定传递过程中，面板的纵向弹性模量 E_x 具有最高的 Sobol 指标，在 0.5～0.6 之间，其次是面板的横向弹性模量 E_y、横向热膨胀系数 α_y、面板单层厚度 h_B，其值在 0.1～0.2 之间。

3）胶层和蜂窝芯参数不确定传递过程类似，除泊松比以外，弹性模量 E_J 和 E_X、热膨胀系数 α_J 和 α_X 以及胶层厚度 h_J 和蜂窝芯壁厚 h_X 的影响接近，其值均在 0.3～0.4 之间。

以上结论可作为蜂窝夹层结构在制造过程中参数离散范围性的参考。

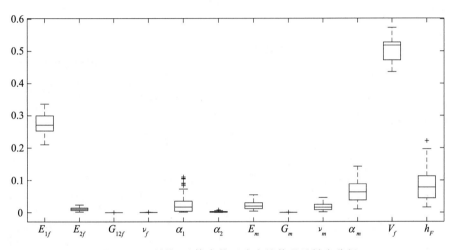

图 11-2 纤维/基体参数不确定性传递灵敏度分析

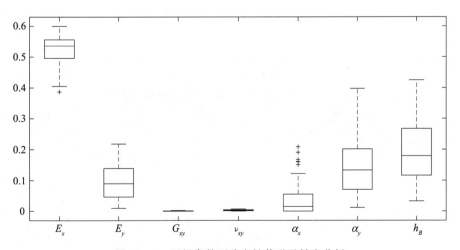

图 11-3 面板参数不确定性传递灵敏度分析

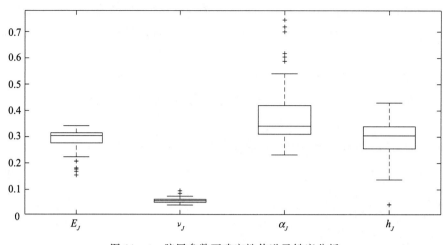

图 11-4　胶层参数不确定性传递灵敏度分析

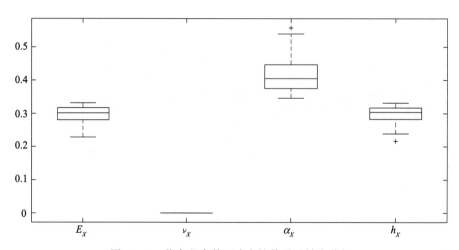

图 11-5　蜂窝芯参数不确定性传递灵敏度分析

第 12 章　基于贡献度的关键部件识别

12.1　概述

航天器结构中的各个零部件对尺寸稳定性的影响程度是不同的，即使是整星构型下的尺寸稳定性设计，各个零部件的影响仍然是大小不一的。识别对尺寸稳定性影响大的部件，对其进行有针对性的尺寸稳定性设计，对于降低成本、节省时间、聚焦设计重点至关重要。尺寸稳定性关键部件的识别可通过本节定义的贡献度进行。

12.2　贡献与贡献度定义

将航天器整器结构划分为 n 个区域，第 i 个区域受到的载荷为 $T_i(t)(i=1,2,\cdots,n)$，其中 t 可以是一个特定的时刻，也可以是一个时间区间。航天器整器在载荷 $T_i(t)$ 作用下当前的尺寸稳定性指标为 $d_0(t)$。将 i 区域载荷置为 0，其他区域载荷不变时计算得到的尺寸稳定性指标为 $d_0(t)\big|_{T_i(t)=0}$，d_{ref} 为计算贡献的下限参考值，则区域 i 在载荷 $T_i(t)$ 下的贡献定义为

$$C_i = \begin{cases} d_0(t) - d_0(t)\big|_{T_i(t)=0}, & |d_0| > d_{\mathrm{ref}} \\[2mm] 0, & |d_0(t)| \leqslant d_{\mathrm{ref}} \end{cases} \tag{12-1}$$

区域 i 在载荷 $T_i(t)$ 下的贡献度定义为

$$D_i = \begin{cases} \dfrac{d_0(t) - d_0(t)\big|_{T_i(t)=0}}{d_0(t)}, & |d_0| > d_{\mathrm{ref}} \\[2mm] 0, & |d_0(t)| \leqslant d_{\mathrm{ref}} \end{cases} \tag{12-2}$$

如果外部载荷是单位载荷，分别称为单位载荷贡献和单位载荷贡献度。

每个区域可以是一个部件、零件或者是一个零件的一部分，划分的标准是在后续的设计中，对每个区域可以进行单独的结构设计或载荷设计，并通过对航天器特定区域（零部件整体或部分）结构和载荷的优化设计，以达到调整航天器尺寸稳定性至更优化状态的目的。定义一个计算下限参考值 d_{ref}，一方面是因为当 $d_0(t)$ 非常小时，贡献度计算会由于截断误差导致出现异常大的数值；另一方面，稳定性指标 $d_0(t)$ 大多定义为设计数值与要求数值之间的差值，这个差值是越小越好，当 $d_0(t)$ 已经很小时，再计算贡献度已经没有工程意义，因此，需要定义一个计算贡献度的参考值，在此参考值之下，贡献度直接定义为零。

贡献度的数值范围与 $d_0(t)$ 的定义区间有关，存在两种情况：

1) 当 $d_0(t)$ 只取正值时，$D_i \in (-\infty, 1]$。例如，某一平面的平面度只能取正值。其中，当 $D_i > 0$ 时，载荷 $T_i(t)$ 作用下的区域 i 是使 $d_0(t)$ 增加，此时降低区域 i 的影响，将改善尺寸稳定性指标；当 $D_i < 0$ 时，区域 i 是使 $d_0(t)$ 减少，此时应增加区域 i 的影响。

2) 当 $d_0(t)$ 可取任意值时，$D_i \in (-\infty, \infty)$。例如，某卫星两个相机的夹角标称值为 $21°$，当夹角小于 $21°$ 时，$d_0(t)$ 取负值，当夹角大于 $21°$ 时，$d_0(t)$ 取正值。当 $D_i \in (-\infty, 1]$ 时，与前面 $d_0(t)$ 的讨论相同；但当 $D_i > 1$ 时，说明 $d_0(t)$ 与 $d_0(t)|_{T_i(t)=0}$ 符号相反，此时，通过调整区域 i 的载荷或设计参数，可能使 $d_0(t) = 0$，这使得尺寸稳定性设计指标可能获得接近于 0 的可能。

以上讨论不适用于单位贡献度，单位贡献度的正负没有实际意义，符号不同，仅表示某一区域的影响趋势。

12.3　识别关键部件

本节将通过一个实例，说明一下贡献度在关键部件识别中的应用。图 12-1 是一个假想的卫星有限元模型。该卫星在运行过程中，由于外热流的变化，在结构中产生了随轨道位置变化的温度场，由此导致卫星上安装的抛物面天线指向发生变化。卫星主结构由 $\pm X$ 板，$\pm Y$ 板和 $\pm Z$ 板构成，其他结构包括天线结构和星体两侧的太阳翼。因为太阳翼与星体变形关系不大，此处仅计算 $\pm X$ 板、$\pm Y$ 板、$\pm Z$ 和天线对天线指向变化的贡献度。

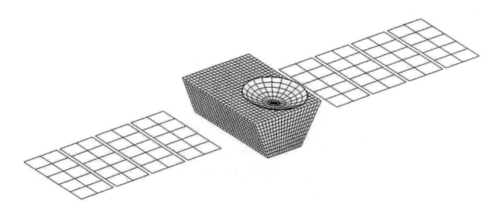

图 12-1　待计算各区域贡献度的航天器

图 12-2 是航天器上不同典型位置的温度在一个轨道周期中 42 个时刻的变化曲线。

12.3.1　单位载荷贡献度

航天器的变形是结构特性与载荷两者共同作用的结果。在设计初期，当航天器在轨载荷条件不明确时，可以在不考虑具体载荷条件的情况下，计算各个区域的单位贡献度。各区域对抛物面焦距贡献度、抛物面指向与 $+X$ 轴夹角贡献度和抛物面指向与 $-Z$ 轴夹角贡

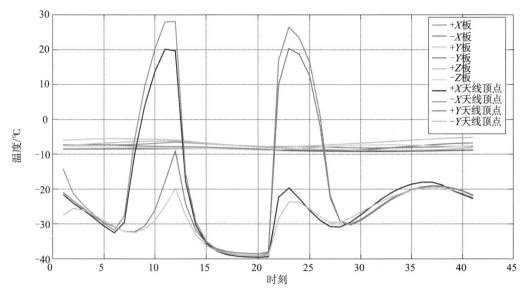

图 12-2　一个轨道周期内结构上不同典型位置温度

献度见图 12-3～图 12-5。从这三个图中可以发现一个现象，即不同区域对不同指标的单位贡献度不同。对抛物面焦距指标贡献度最大的区域是反射面天线，对抛物面指向与 +X 轴夹角贡献度最大的区域是 +Z 结构板，对抛物面指向与 +X 轴夹角贡献度最大的区域是 +Z 结构板。这个现象在航天器结构的贡献度分析中，具有普遍性。

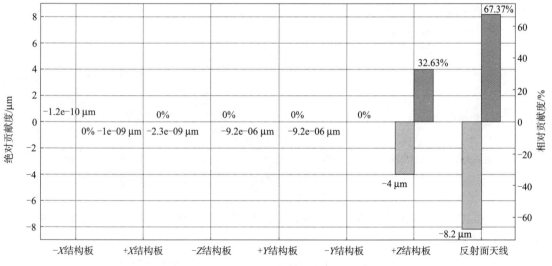

图 12-3　单位载荷各区域对抛物面焦距贡献度

12.3.2　在轨载荷贡献度

以在轨实际温度场作为计算载荷，以抛物面焦距、抛物面指向与 +X 轴夹角和抛物面指向与 -Z 轴夹角在一个轨道周期内变化峰峰值为尺寸稳定性指标，计算各个区域贡献度

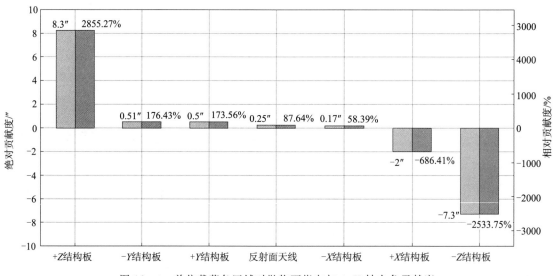

图 12-4　单位载荷各区域对抛物面指向与 $+X$ 轴夹角贡献度

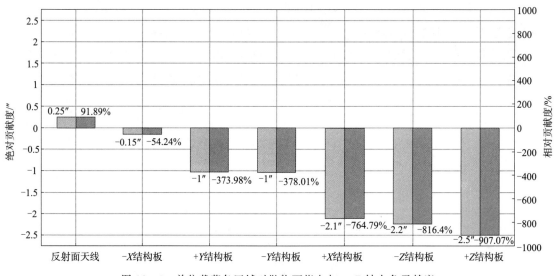

图 12-5　单位载荷各区域对抛物面指向与 $-Z$ 轴夹角贡献度

如图 12-6～图 12-8 所示。由这三个图可见，与上一节的情况类似，不同区域对不同指标的贡献度不同。

　　图 12-9 和图 12-10 是各个区域在不同时刻对同一指标的贡献度分析结果。由图 12-9 和图 12-10 可见，即使是同一指标，在不同时刻，各个区域对指标的贡献度也存在差异。

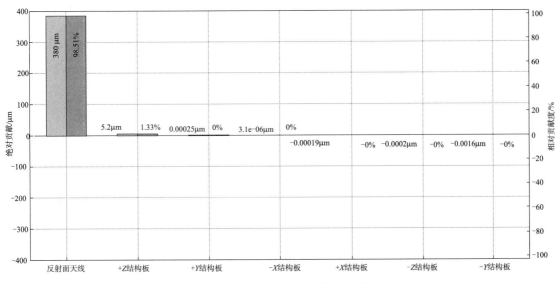

图 12-6　在轨载荷各区域对抛物面焦距贡献度

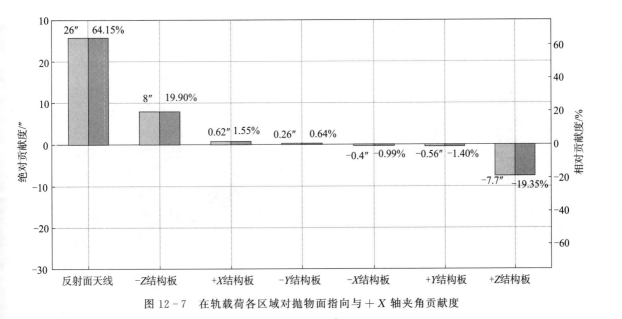

图 12-7　在轨载荷各区域对抛物面指向与 +X 轴夹角贡献度

12.4　依据贡献度改善指标

贡献度作为关键区域的选择依据，其另外一个用途是可以为部件设计优化或确定尺寸稳定性指标提供一个设计起点。以各区域对天线指向与 +X 轴夹角在一个轨道周期内变化峰峰值指标的贡献度分析为例。对天线指向变化贡献度最大的区域是天线，假设天线温度变化分别是初始温度的 0.75、0.5 和 0.25 倍，则得到温度载荷变化后与初始载荷的夹角

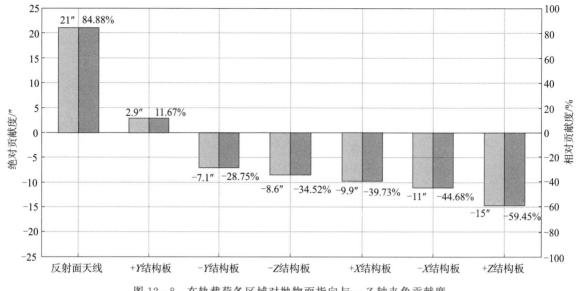

图 12-8　在轨载荷各区域对抛物面指向与 − Z 轴夹角贡献度

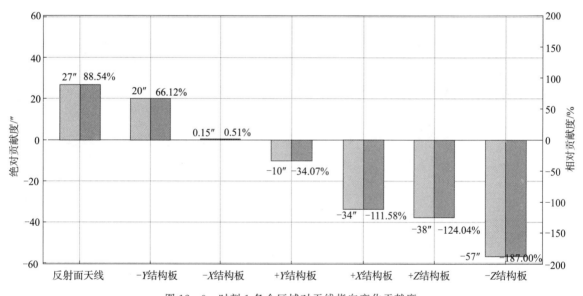

图 12-9　时刻 1 各个区域对天线指向变化贡献度

变化如图 12-11 所示。由图可见，在一个轨道周期内夹角变化的峰峰值随温度载荷减小的比例与温度场减小的比例相当一致，说明通过对最大贡献度区域的温度载荷指标进行优化设计，可以显著减小结构变形。实际上，因为结构的变形是结构材料特性与温度场共同作用的结果，如果忽略结构材料特性随温度的变化，则在温度外载荷不变的情况下，通过选择或设计，使得该区域的热膨胀系数降低，则由此得到的热变形指标也将近似按比例降低。这个例子暗示了一个基于贡献度计算结果改善尺寸稳定性指标的方法，即通过高贡献度区域材料特性和热控措施的设计，可以显著改善结构的尺寸稳定性，而不是所有区域都

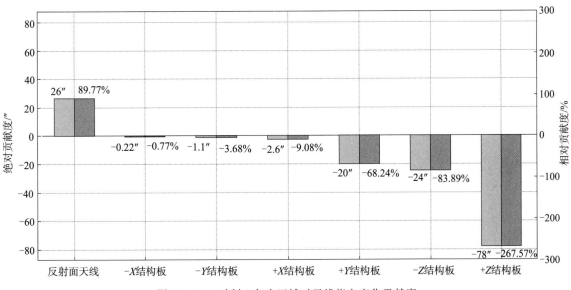

图 12 - 10　时刻 2 各个区域对天线指向变化贡献度

需要开展尺寸稳定性设计，这对简化尺寸稳定性设计，降低设计难度和产品成本，具有非常现实的意义。

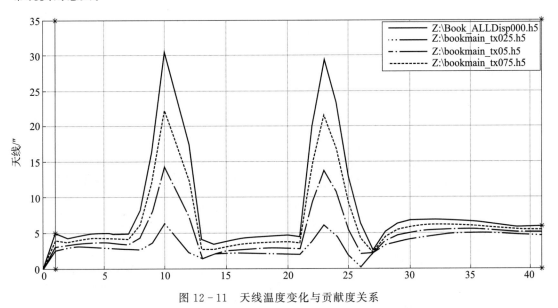

图 12 - 11　天线温度变化与贡献度关系

12.5　热设计与机械设计的贡献度

通过贡献度分析，可以将贡献度大的关键部件（或区域）再进一步细化为热设计的关键部件和结构设计关键部件。细化的规则如下：

对于在轨载荷贡献度大的部件，如果单位载荷贡献度小，说明该部件的贡献主要由载荷引起，此时，根据热分析的结果对温度场进行优化控制，可实现尺寸稳定性指标的改善，此时称该部件为热设计关键部件；如果单位载荷贡献度大，说明该部件的贡献由载荷和结构自身的特性共同决定，此时，称该部件为尺寸稳定性设计的结构关键部件。

12.6　贡献度特性小结

综合前面的讨论可以发现，贡献度与区域定义、指标、时间（时刻或时间区间）相关，在确定关键区域时，必须考虑贡献度的这个特性，应正确合理地划分区域和定义指标，并明确指标定义的时间特性。这些因素考虑不完备时，依据其计算得到的贡献度选择的关键区域很可能并不是真正的关键区域，这是选择尺寸稳定性关键区域时应该注意的问题。与此同时，根据贡献度的大小，调整相应区域的材料特性或载荷大小，可以明显改善结构的尺寸稳定性指标，这在设计初期，对于选取关键区域，设定结构各个区域的指标分解，具有重要的工程意义。

第 13 章 基于 DOE 分析的关键部件识别

13.1 概述

在第 12 章的分析中可以发现，采用贡献度描述单一区域（或单一因素）对尺寸稳定性的影响是比较清楚的，但是，如何描述两个区域的协同作用，某一区域对尺寸稳定性的影响是线性的还是非线性的，以及是否还存在未考虑的影响因素，采用贡献度进行这些方面的分析则有些力不从心，因此，本章将给出关键区域选取的更精确、更能反映各个区域影响特性本质的基于试验设计（Design Of Experiment，DOE）的关键部件识别方法。

13.2 试验设计定义

试验设计（DOE）方法在 20 世纪 20 年代由育种科学家费希尔（R. A. Fisher）在农业生产中首先使用，目前已经在各个学科领域得到广泛的应用和发展。DOE 分析主要解决如下问题：在很多可能影响输出 Y 的自变量 X 中，确定哪些自变量对输出的影响占主导，各个因素之间是如何协同作用的，如何改变或设置这些自变量的取值以使输出达到最佳值[1]？

对比 DOE 的作用和获取关键区域的需求可以看出，DOE 恰好是我们当前需要的分析工具。

13.3 DOE 术语

因子（Factor），又称因素，是试验中改变的输入设计参数，在尺寸稳定性设计获取关键区域的过程中，航天器整器结构划分出的每个区域的载荷定义为一个因素。

水平（Levels），因子的不同状态。在识别关键区域的过程中，定义施加给每个区域上载荷的比例系数。

响应，待研究的指标。

设计矩阵，一系列由多个水平的因子表示的试验参数集，每一次试验（或分析）对应一组参数，例如，假设有三个因素 A、B 和 C，每个因素有 2 个水平，则载荷集 $\{A_1 B_1 C_1\}$ 施加在结构上，进行计算并获得响应的过程称为一次试验，其他的载荷组合类似，不同的载荷组合产生不同的计算响应结果，完整的试验过程即求解给定的各个载荷组合下的结构响应的过程。试验矩阵的规模决定了 DOE 分析的计算量，一个好的 DOE 分析过程，一定是试验规模与试验效果之间平衡的结果。

13.4　DOE 分析过程

一个尺寸稳定性的 DOE 分析过程包括如下的步骤：

（1）确定设计因子和响应

设计因子即 DOE 分析过程中考虑的变量或要素。将航天器划分的各个区域的载荷定义为分析因子，区域划分的依据与贡献度相同。将待分析的指标定义为 DOE 分析的响应。如果没有在轨载荷，则施加单位载荷在各个区域上，则此时做的是单位载荷的 DOE 分析。

（2）设定设计水平

设计水平即将设计因子按照一定的规则给出的等级数量。一般的 DOE 分析可以定义很多的设计水平，但设计水平的增加将极大地增加计算量，一般在识别尺寸稳定性关键区域阶段，选取 3 个设计水平即可，即作用在区域上的载荷比例系数在整个计算过程中，取 0，0.5，1。

（3）选择试验方法

DOE 的试验方法即如何组合载荷水平形成设计矩阵的过程。

（4）提交分析

生成设计矩阵后，按照载荷组合产生每次试验所需的载荷，提交变形计算程序，进行各个载荷下的变形计算，得到各次试验的响应结果。

（5）结果分析

①回归分析（Regression Analysis）

根据经验或先验知识，对响应和各个因子进行回归分析，得到回归多项式，从多项式系数得到各个因素的影响大小。

②方差分析（Analysis Of Variance，ANOVA）

对拟合的回归方程的系数进行统计检验，验证回归方程对因素和响应之间关系描述的正确性，并得到各个因素的贡献度。

13.5　试验方法

目前常见的设计方法包括[2]：

（1）参数试验方法

一次变化一个参数，其他参数不变。可以研究单一参数对响应的影响，但是不能得出多个区域之间的耦合情况，因此，仅适于初步研究各个区域的特性探索，不适合精确确定关键区域。

（2）全因子设计

对全部因素的全部水平的组合进行分析。全因子分析将得到最精确的分析结果，但是计算量巨大，以本节 3 个区域，每个区域 3 个水平为例，完整的 DOE 分析将需要进行 27 次试验，如果区域数进一步增加，则运算量以指数形式增加，这在工程中几乎是不可实施的。因此，全因子分析仅适于因子数和水平数都比较少的情况。

（3）正交试验

通过筛选残余子集以保证因素的正交性和足够的交互影响关系的设计矩阵生成方法。正交表具有两个主要的性质：

1）表中任一列中各水平都出现，且出现的次数相等；

2）表中任何两列之间各种不同水平的所有可能组合都出现，且出现的次数相等。

正交表保证了试验点可以均匀地分布在整个试验点中，具有很强的代表性。正交试验方法相对于全因子方法可以大大降低计算量。

（4）拉丁超立方设计

拉丁超立方是满足设计空间填充的 DOE 方法。简单来说，将 n 维空间中的设计空间划分为 m 个区间，每个区间随机取一个点，这样，总的计算次数为 $m \times n$ 次。拉丁超立方方法与正交试验方法相比，对非线性具有更好的表征能力。拉丁超立方方法的缺点是在空间中的试验点分布均匀性有时较差，可能丢失设计空间。

（5）最优拉丁超立方设计

最优拉丁超立方设计改进了拉丁超立方设计方法的均匀性，使因素和响应的拟合更加精确真实。

（6）中心复合设计

中心复合设计又称二次回归旋转设计。由 2^k（k 为因子）全因子设计、轴点设计（也叫星点设计）与零水平的中心点重复试验三部分构成，应用各影响因子的二次多项式来预测其对评价指标的作用。该方法扩展了设计空间并得到高阶信息，能够给响应表面近似模型提供样本数据，具有设计简单、试验次数少、预测性好等优点。

每个方法都有优缺点，选择方法的依据是尽量通过次数少的试验，得到尽量多的信息。

（7）Box - Behnken 设计

Box - Behnken[3] 设计的设计点通常较少，因此它们的计算成本比相同数量因子的中心复合设计低，可以得到拟合的一阶和二阶系数。Box - Behnken 设计中的每个因子始终具有 3 个水平。Box - Behnken 设计不包括其中所有因子都位于其极端设置（如所有的低设置）的载荷组合。Box - Behnken 设计的这一特点特别适合于工程中各个因素不能同时取极端边界值的情况。

13.6　回归分析

获得对应试验矩阵的响应结果后，DOE 结果分析的下一步是在响应与各个因素之间建立一个多元二次回归模型。其表达式如下

$$y = c_0 + \sum \alpha_i x_i + \sum \beta_i x_i^2 + \sum_{}^{i \neq j} \gamma_{ij} x_i x_j \qquad (13-1)$$

对式（13-1）进行微分得到

$$\mathrm{d}y = \sum \alpha_i \mathrm{d}x_i + \sum 2\beta_i x_i \mathrm{d}x_i + \sum_{}^{i \neq j} \gamma_{ij}(x_i \mathrm{d}x_j + x_j \mathrm{d}x_i) \qquad (13-2)$$

由式（13-2）可以引出各个因素的主效应定义。

因素 x_i 的线性主效应

$$Mx_i = \alpha_i \mathrm{d}x_i \qquad (13-3)$$

因素 x_i 的二阶主效应

$$Mx_i^2 = 2\beta_i x_i \mathrm{d}x_i \qquad (13-4)$$

因素 x_i 与 x_j 的交互效应

$$Mx_i x_j = \gamma_{ij}(x_i \mathrm{d}x_j + x_j \mathrm{d}x_i) \qquad (13-5)$$

在上面的式中

$$\mathrm{d}x = \max(x) - \min(x) \qquad (13-6)$$

所有的 x 值取

$$(\max(x) + \min(x))/2 \qquad (13-7)$$

由回归分析得到的主效应体现了各个因素对响应的影响程度，各个主效应描述的规律有如下特点：

1）主效应数值的绝对值越大，该因素对响应的影响越大；

2）主效应的符号预示着因素影响的方向，正号表示因子增加，响应也增加，负号则相反；

3）效应的阶次体现了效应是否是线性影响；

4）交互效应表示两个因素协同作用下对响应的影响程度。

由主效应和交互效应的大小，可以得到哪些因素是主要因素，哪些因素是次要因素，并据此可识别尺寸稳定性的关键区域。

13.7　方差分析

通过回归分析进行主效应分析，可以得到各个因子对响应的影响程度，这个影响程度是以绝对值的大小进行比较的，但绝对值的大小对于描述各个因素之间的相对大小关系很不方便，需要更方便的计算方法，得到各个因素的相对影响大小，并在此基础上，明确哪些因素是后续设计必须考虑的，哪些是可以忽略的。此外，式（13-1）的回归拟合方程是否已经包含了所有或绝大部分的影响因素，是否有不恰当的拟合或遗漏了重要的影响因素，这些都需要进一步分析。方差分析刚好可以满足这一需求。使用方差分析的目的就是区分多项式模型本身和模型拟合误差对响应方差的贡献。

对回归方程进行方差分析，可以得到各个回归项对应的偏差平方和、自由度、方差、F 值等信息。

定义每个因素和误差项的纯平方和

$$\mathrm{TSS}_{x_i} = \mathrm{SS}_{x_i} - f_{x_i}\mathrm{MSE} \qquad (13-8)$$

$$\mathrm{TSS}_e = f_T\mathrm{MSE} \qquad (13-9)$$

式中　TSS_{x_i} ——因素 x_i 的纯平方和；

　　　SS_{x_i} ——因素 x_i 的偏差平方和；

　　　f_{x_i} —— x_i 的自由度；

　　　MSE ——拟合误差的偏差平方和；

　　　TSS_e ——拟合误差的偏差平方和；

　　　f_T ——总自由度。

定义因素 x_i 的贡献率为

$$c_i = \frac{\mathrm{TSS}_{x_i}}{\mathrm{SST}} \times 100\% \qquad (13-10)$$

因素 x_i 的贡献率体现了其影响程度在总的影响中的占比，可以直观地得到其影响的重要程度，并作为关键区域选择的依据。

13.8　DOE 分析示例

13.8.1　在轨载荷下 DOE 分析

仍然采用第 12 章假想卫星的例子，本节通过一个实例说明通过 DOE 识别关键区域的详细过程：

1）选择 $\pm X$ 板和天线反射面温度场为 DOE 的试验因子。

2）每个因子按照 0、0.5 和 1 给出三个试验水平。

3）采用 Box – Behnken 方法生成设计矩阵如下：

$$
\begin{bmatrix}
0 & 0 & 0.5 \\
0 & 1 & 0.5 \\
1 & 0 & 0.5 \\
1 & 1 & 0.5 \\
0 & 0.5 & 0 \\
0 & 0.5 & 1 \\
1 & 0.5 & 0 \\
1 & 0.5 & 1 \\
0.5 & 0 & 0 \\
0.5 & 0 & 1 \\
0.5 & 1 & 0 \\
0.5 & 1 & 1 \\
0.5 & 0.5 & 0.5
\end{bmatrix}
$$

4）求解设计矩阵的各个载荷组合，得到响应集合。

5）在响应与各个因子之间建立二次回归拟合，得到各个因子的主效应和交互效应。

图 13-1 和图 13-2 是 1 轨中天线指向和天线与 +Y 面指向夹角的效应。与第 12 章的贡献度类似，各个因子的主效应（或交互效应）随响应的不同而不同。

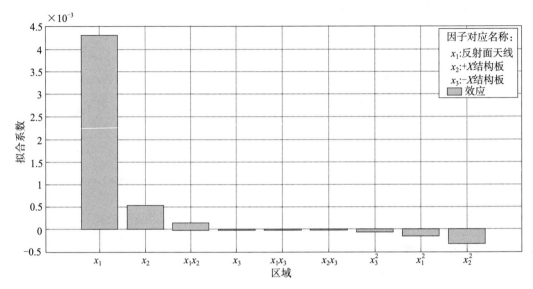

图 13-1　各因子对一轨期间天线指向的效应

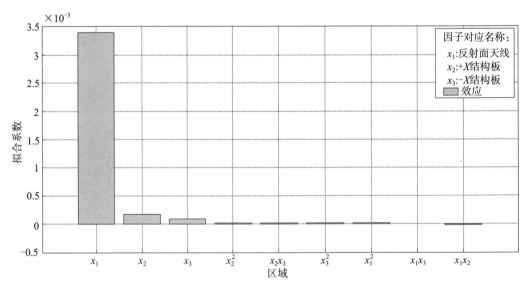

图 13-2　各因子对一轨期间天线与 +Y 面夹角的效应

在天线指向的主效应分析结果中，因子 x_1 的主效应具有正值，说明天线指向变化随 +X 板载荷的增加而增加。x_1 的主效应最大，说明其使天线指向变化随载荷增加的影响最大。而 x_2^2 的主效应具有最小的负值，说明天线指向受 -X 板载荷增加而减小，且其反向效应最明显。正向影响最明显的三个因素是天线、＋X 板、天线和＋X 板的交互效应。

在天线与＋Y 面指向夹角主效应分析中，仍然是因子 x_1 的主效应具有正值，说明天线指向与＋Y 面夹角变化随＋X 板载荷的增加而增加。x_1 的主效应最大，说明其使天线与＋Y 面夹角变化随载荷增加的影响最大。但在主效应中没有反向效应，同时，也没有交互效应。

6）由回归多项式得到各因子的方差分析，进而得到各个因素的贡献率。

由主效应可以得到影响因素的显著性排序，但是，影响程度的相对大小并不明显，而贡献率的大小则直观表明了各个因素的相对影响大小程度。天线指向和天线与＋Y 面夹角的各个因素贡献率如图 13-3 和图 13-4 所示。由图可见，天线对天线指向的影响占 98%，天线对天线与＋Y 面夹角的影响几乎占 100%。这说明，调整天线热变形的载荷或材料特性，可以明显改善天线的变形指标，其他因素则几乎可以忽略不计。

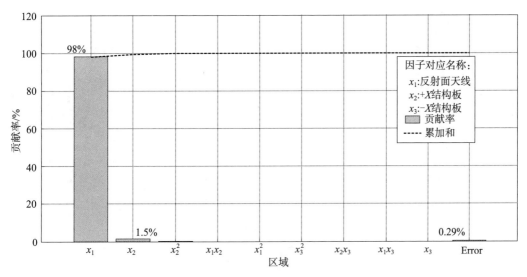

图 13-3　天线指向的各因素贡献率

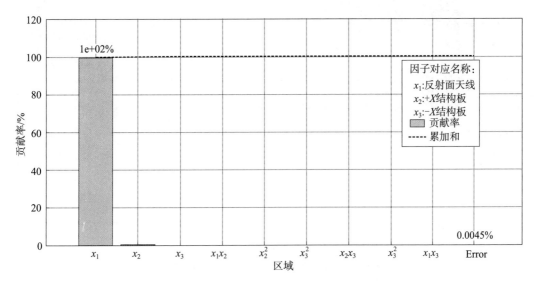

图 13-4　天线与＋Y 面夹角的各因素贡献率

13.8.2 单位载荷 DOE 分析

按照上一节思路，进行单位载荷 DOE 分析，得到天线指向和天线与＋Y 面夹角的各因素主效应如图 13-5 与图 13-6 所示。单位载荷下，天线指向变化最大正的主效应＋X板，天线与＋Y 面夹角的最大主效应是＋X 板的二次方。对比上一节在轨载荷下的 DOE分析结果可以看出，最大主效应并不相同。单位载荷下各个因素贡献率如图 13-7 与图 13-8 所示，对天线指向变化和天线与＋Y 面夹角贡献率最大的是＋X 板，与在轨载荷的 DOE 分析的各因素贡献率相对大小也存在明显差异。

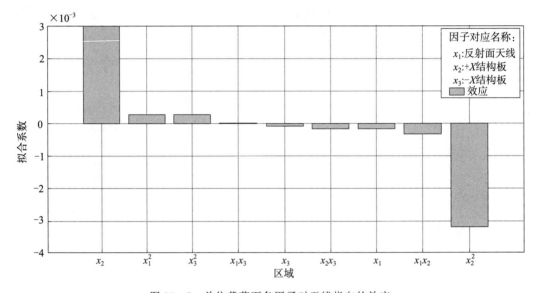

图 13-5 单位载荷下各因子对天线指向的效应

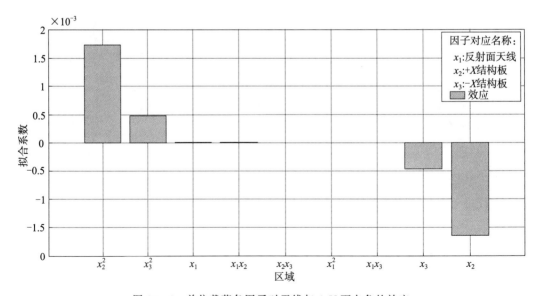

图 13-6 单位载荷各因子对天线与＋Y 面夹角的效应

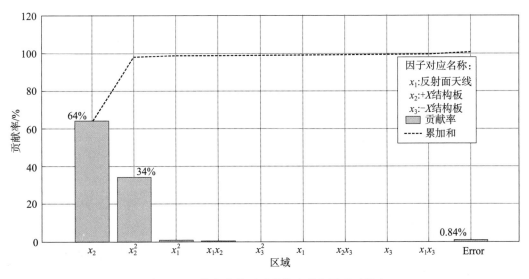

图 13-7　单位载荷下天线指向的各因素贡献率

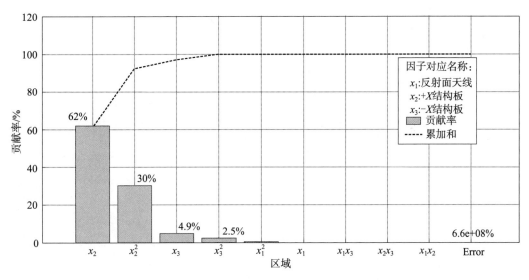

图 13-8　单位载荷下天线与 $+Y$ 面夹角的各因素贡献率

13.9　关键区域识别小结

从第 12 章和本章的关键区域识别过程可以总结出如下的规律：

1）关键区域识别与载荷相关，如果已知载荷，则应优先进行在轨载荷下的关键区域识别。如果载荷未知，则进行单位载荷下的关键区域识别。

2）关键区域的识别与指标相关，相同载荷、相同结构、指标不同，则关键区域不同。如果指标定义与时间或时长有关，则不同时刻或时长的关键区域也不同。

参 考 文 献

［1］ 闵亚能. 实验设计（DOE）应用指南［M］. 机械工业出版社，2011.

［2］ 多学科多目标优化软件 Isight 入门与提高. 北京思易特科技有限公司培训资料.

［3］ 巴鹏. 基于 Box - Behnken 试验设计的大型压缩机曲轴优化［J］. 光电技术应用，2019，34（06）：73 - 78.

第 14 章　优化方法

14.1　概述

尺寸稳定性问题的优化目的一般有两类：

（1）改善设计

在设计的早期，载荷和结构参数都是初步的，并不是最终状态的设计，此时优化的目的是为了改善设计，至于优化分析得到的尺寸稳定性指标最优解的具体值，则一般作为参考，而非作为尺寸稳定结构设计的最终指标。按照目前航天器研制阶段的划分，以改善设计为目的的优化大概在方案阶段和初样设计的早期。

（2）获取优化指标

在设计的中后期，在轨载荷和设计状态已经确定，此时的优化设计是为了得到尺寸稳定结构最终的设计指标，优化的目的是为了获得优化解。这个对应初样详细设计以后的阶段。

对于航天器结构而言，温度载荷是引起结构尺寸稳定性问题的关键性载荷。因此，航天器结构尺寸稳定性优化分析一般针对温度载荷引起的尺寸稳定性开展。

与重力释放和湿气释放不同，在航天器整个寿命期内温度载荷随着光照条件和载荷设备的工作情况而周期性变化。此外，随着热控材料的性能退化，温度载荷也会发生渐变。因此，需要结合温度载荷的周期性变化和热控性能退化，选取典型恶劣工况开展尺寸稳定性优化分析。

14.2　优化分析流程

航天器结构尺寸稳定性优化分析流程如图 14-1 所示，结构和热控的优化设计迭代进行。航天器结构尺寸稳定性优化分析一般有以下步骤：

1）利用 11.5 节的方法，通过计算贡献度识别尺寸稳定性关键部件及其类型。

2）对于热设计关键部件，如果可以进行设计改进，则优化热控设计，然后将改进设计后的温度场作为在轨载荷，重新进行在轨载荷贡献度计算，再次识别尺寸稳定性关键部件；否则，直接执行后面的优化步骤。

3）开展各尺寸稳定结构关键件的设计参数灵敏度分析，以确定关键敏感参数。针对关键敏感参数，需要策划相关的材料性能试验，以获取较为准确的参数值和离散度信息。

4）通过设计参数优化分析，确定各结构件的设计参数。针对多种设计参数，可以分类开展参数优化，以获得指标随一类参数的变化规律。

5）基于各设计参数的离散度和分布规律，开展设计指标的不确定性分析，确定设计指标的最大值、最小值、均值和方差等，以研究尺寸稳定性指标对优化设计参数的稳健性。

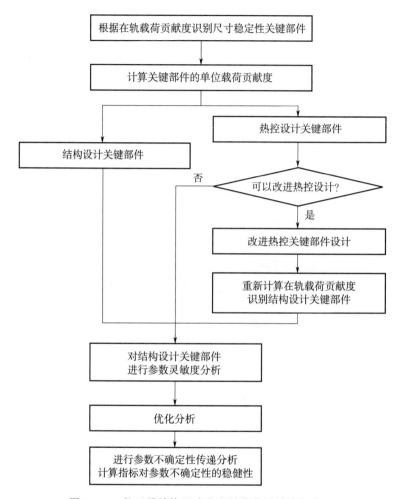

图 14 - 1　航天器结构尺寸稳定性优化设计分析流程

14.3　优化目标

热稳定性优化分析的优化目标一般选择热稳定性指标当中的一个或几个。虽然多目标优化方法的应用已经相当成熟，但在热稳定性优化问题中多目标优化的优化效果或优化效率不一定是最优。因为与一般的多目标优化问题（比如在重量最轻的同时要求刚度高）不同，热稳定性指标之间通常具有一定的关联性。因此，为了提高优化效率，一般来说需要在多个稳定性指标中优选出最具代表性的指标作为优化目标。

表 14 - 1 给出了几种典型的结构热稳定性指标示例。其中，测绘卫星 A 和测绘卫星 B

的热稳定性指标均为整星指标，而测绘卫星 C 的热稳定性指标则分解到了有效载荷（即相机）安装面。测绘卫星 A 的稳定性指标通过位移定义，而测绘卫星 B 和 C 的稳定性指标定义为矢量夹角变化在坐标平面内的投影。测绘卫星 A 和测绘卫星 B 的稳定指标分别针对长期稳定性和短期稳定性，而测绘卫星 C 兼而有之。除测绘相机 B 为单一稳定性指标外，测绘相机 A 和 C 的稳定性指标都有多个。

在不同类型的稳定性指标中，选择最具代表性的指标开展热稳定性优化分析，一般需遵循以下原则：

1）针对单一指标的热稳定性问题，即选择此单一指标作为优化目标；

2）针对长期稳定性指标和短期稳定性指标并存的问题，需要根据航天器功能和载荷工作模式，确定需优先满足的指标类型，并以此指标作为优化目标；

3）在优化设计之前，根据初步热变形分析结果，确定最为严苛的稳定性指标（即最难满足的热稳定性指标），并以此指标作为优化目标；

4）分析稳定性指标与尺寸稳定性结构间的关联性，将结构系统的尺寸稳定性问题分解为多个结构件的优化设计问题，针对不同的优化问题分别设定优化目标。

表 14 - 1　典型的热稳定性指标举例

航天器	热稳定性指标	指标类型分类			
		长期/短期	表述类型	单一/多项	整星/分解后
测绘卫星 A	1）天线 A 相位中心点位置： X：<3μm（1 次/轨） Y、Z：<30μm（1 次/轨） 2）加速度计检验质量中心位置：X、Y、Z <0.1 mm 3）卫星质心位置：X、Y、Z <2μm（2 次/轨）	长期指标	位移指标	多项指标	整星指标
测绘卫星 B	相机 A 与相机 B 光轴夹角在 XOZ 面投影；在成像期间内（15 min 内）小于 1″	短期指标	矢量夹角投影	单一指标	整星指标
测绘卫星 C	相机 A、相机 B 和相机 C 安装面法向夹角在 XOZ 平面投影： 1）短期指标（一次成像期间的稳定性指标（成像 10 min 内））：小于 0.5″； 2）长期指标（一次标定周期内对同一区域成像的稳定性）：小于 1.5″	短期和长期指标并存	矢量夹角投影	多项指标	分解指标（分解到载荷安装面）

14.4　典型工况

尽管航天器真实热稳定性指标只有在开展了在轨全寿命周期的热稳定性分析之后才有可能获得，但在热稳定性优化分析中必须选择一种或几种典型工况开展。典型工况应该是对指标实现最为关注的工况。在选择工况的过程中，一般会考虑航天器吸收的外热流和载荷工作模式等因素组合，遴选出所谓的恶劣工况。

（1）外热流

航天器在轨道面上运行时，轨道面同时也在运动，而且太阳与地球间的相对位置又在不断变化。因此，航天器与其主要外热源（即太阳和地球）的相对关系是不断变化的，各个时刻航天器接受到的空间热流是不同的。此外，由于航天器各个面的热控性能不同，在同样的空间热流下条件下，航天器不同的热控面能够吸收的外热流也不同。外热流对航天器温度场的影主要取决于航天器所能够吸收的外热流密度。

一般来说，影响航天器吸收外热流密度的主要因素包括：散热面设计、太阳常数、β角（太阳光与轨道面夹角）和卫星姿态。

（2）热控性能退化

在航天器整个寿命期内，热控材料性能会逐渐退化。热控材料退化会导致在同一工况下航天器寿命末期和寿命初期的温度场不同。一般来说，在寿命末期热控材料的吸收率会有所增加，因此寿命末期通常会出现整个寿命期的高温工况。

（3）有效载荷工作模式

仪器设备尤其是主要有效载荷的工作情况会显著影响航天器的温度水平和温度分布。对于有些单独设置散热面的关键有效载荷，其开关机会导致散热面上温度出现显著变化。

与纯粹的热控极端工况不同，由于热稳定性指标通常是有效载荷性能的一部分，因此热稳定性分析的典型工况应在有效载荷工作工况中选择。表 14-2 给出了太阳同步轨道地球观测卫星热稳定性分析温度工况的典型示例。根据外热流情况、卫星姿态以及有效载荷工作情况给出了卫星寿命初期和末期的 4 种典型温度工况。而在 4 种典型工况中，究竟哪个或哪几个工况最为恶劣则还取决于指标类型（短期指标或长期指标等）等因素，一般通过初步计算后确定。由于在各典型工况下的热稳定性优化分析结果不一定相同，因此除考虑工况的恶劣程度外，热稳定性优化分析一般选择对指标实现最为关注的工况开展，并复核其他工况指标。

表 14-2　卫星热稳定性分析温度工况示例

工况	外热流		姿态	分析时间定义	有效载荷工作状态	
	β 角	太阳常数			开机时刻	开机时长
工况一（寿命初期低温工况）	最小	最小	0°正常飞行	卫星入地影为 0 时点，整轨 95 min	相机 64 min 开机 激光、数传 63 min 开机	相机 10 min 激光、数传 11min
工况二（寿命初期高温工况）	最大	最大	0°正常飞行		相机 50 min 开机 激光、数传 49 min 开机	
工况三（寿命末期高温工况）	最大	最大	0°正常飞行		相机 50 min 开机 激光、数传 49 min 开机	
工况四（寿命末期高温侧摆工况）	最大	最大	-15°侧摆		相机 50 min 开机 激光、数传 49 min 开机 侧摆 45 min 开始，65 min 结束	

14.5　关键部件识别与参数灵敏度分析

选定分析载荷工况，基于已有的初步设计参数，以设计指标为优化目标，理论上即可开始优化分析以获得优化的尺寸稳定性设计指标。但航天器结构存在多个结构部件，每个结构部件又含有多个设计参数，如果直接进行优化计算，其待优化参数将过多，很可能优化算法不能收敛。以一个包含 10 块结构板的小型卫星为例，其每块结构板都是碳纤维表板的蜂窝板。每块结构板铺层角的变量为 6 个，加上铺层厚度变量为 6 个，材料选择变量为 2 个（假设仅从两种材料中进行选择），蜂窝板厚度参数变量为 1，简单考虑一下，即需要有 150 个参数需要参与优化计算，如果再考虑其他参数要参与优化，则变量数还会迅速增加，这还仅仅是一个小型卫星，也没有考虑其他设计参数的优化，此时变量数已经非常可观，如果是复杂的大卫星，其变量数的巨大可想而知，因此，识别关键部件和灵敏参数，对优化成败至关重要。

关键部件识别和参数灵敏度分析是一个优化设计变量的剪裁过程，关键部件识别精简了待优化的结构件，参数灵敏度分析精简了待优化结构件的优化参数。通过这两步，可将待优化参数控制在合理可行的范围内，有利于优化算法的收敛。

14.6　优化算法

14.6.1　概述

存在众多的优化算法可用，各个算法的适用范围不同，目前还没有一种算法对任何问题都是最佳选择，需要根据问题的性质，综合考虑效率、精度、收敛性等多方面因素后，进行选择。选择过程中，需要考虑如下各项因素：

1）优化的目的是什么，改善设计还是得到优化指标？

2）有无约束，是线性还是非线性？

3）变量是离散还是连续的？

4）问题特征是什么，是否包括成本和鲁棒性？

优化算法有很多种，也存在不同的分类方法，图 14-2 是比较常见的一种分类方法。

14.6.2　梯度局部优化法

梯度优化算法可直观表述为按照一定的方向，以一定的步长，逐步逼近优化点的过程。

梯度优化法的数学表示为：选定初始点 $X^{(0)}$，按某个方向 $S^{(0)}$，以初选步长 $a^{(0)}$ 寻找新的点 $X^{(1)}$，使函数值 f 下降，并重复这一过程，直至获得最优解 X^*，即由 $X^{(k+1)} = X^{(k)} + a^{(k)} S^{(k)}$ 确定一个函数序列，满足

$$f(x^1) > f(x^2) > \cdots > f(x^k) > f(x^{k+1}) > \cdots \tag{14-1}$$

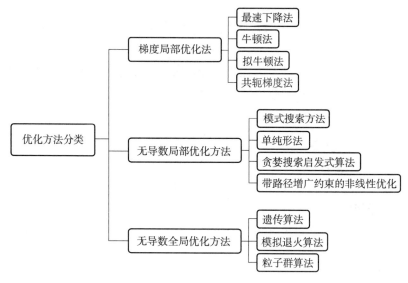

图 14 - 2　优化算法分类

直至最后满足

$$f(x^*) = \min \tag{14-2}$$

根据搜索方向、步长和收敛准则判别条件的方法不同，又分为几种具体的算法。如根据搜索方向的不同，有

最速下降法

$$S^{(k)} = -\nabla f(x) \tag{14-3}$$

牛顿法

$$S^{(k)} = -\{\nabla^2 f(x)\}^{-1} \nabla f(x) \tag{14-4}$$

共轭梯度法（基于 FR 公式）

$$S^{(l+1)} = -\nabla^T f(x^{l+1}) + \frac{\|\nabla f(x^{l+1})\|^2}{\|\nabla f(x^l)\|^2} S^{(l)} \tag{14-5}$$

对于搜索步长，又存在黄金分割法和多项式近似法等。

14.6.3　无导数局部优化法

14.6.3.1　模式搜索方法

模式搜索法不需要连续的目标函数和线搜索，能处理非连续参数空间。它通过给目标函数增加一个惩罚项，将约束问题转换成无约束问题进行处理。模式搜索法通常根据定义的搜索方向模板遍历搜索域。该方法能有效逼近到初始点附近的局部最小值；并且，如果模板允许它们跨过局部极小值，它们有时也表现出有限的全局优化点的获取能力。

14.6.3.2　单纯形方法

单纯形（Simplex）是指由 $n+1$ 个点组成的多维几何体，如 $n=2$ 时为三角形，$n=3$ 时为四面体。单纯形的搜索方向由在变量空间上反射、展开和收缩的单纯形进行定义。在优化计算过程中，如果未搜索到设定的目标点，则进行收缩，并在一维和多维上持续多步进行收缩，直至残差满足要求；如果搜索到设定的目标点，则进行反射和扩张，并持续进行直至残差满足要求。

14.6.4　无导数全局优化法

14.6.4.1　遗传算法

遗传算法（Genetic Algorithm，GA）借助生物进化过程中"适者生存"的规律，模仿生物进化过程中的遗传繁殖机制，对优化问题解空间的个体进行编码（二进制或其他进制），然后对编码后的个体种群进行遗传操作（如：选择、交叉、变异等），通过迭代从新种群中寻找含有最优解或较优解的组合。遗传算法的流程如图 14-3 所示。

在 14-3 的图中，适应度函数是评判解个体优劣的唯一标准。选择操作是从当前的种群中选出优良的个体，使它们有机会作为父代产生后代个体。判断个体优良与否的准则就是各自的适应度值。遗传操作根据适应度的大小决定个体繁殖的机会，适应度值大的个体得到繁殖的机会大于适应度值小的个体，从而使得新种群的平均适应度值高于旧群体的平均适应度值。交叉操作（Crossover）被定义为一个操作算子，通过染色体的交叉完成。变异操作（Mutation）通过在染色体上的某些基因位置产生突变，使得新产生的个体与其他个体有所不同。

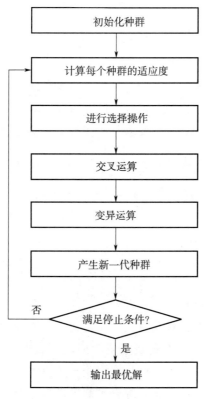

图 14-3　遗传算法计算流程

14.6.4.2　模拟退火算法

模拟退火算法（Simulated Annealing，SA）从旧的设计点通过变异产生新的设计点。它通过模拟退火过程，将组合优化问题与统计力学中的热平衡问题类比，从初始点开始每前进一步就对目标函数进行一次评估，只要函数值下降，新的设计点就被接受，反复进行，直到找到最优点。函数值上升的点也可能被接受，这样能够避免找到的是局部最优点。是否接受函数值上升点是依据 Metropolis 判据决定的，它是温度的函数，温度高则更容易接受。伴随温度参数的不断下降，结合概率突跳特性在解空间中随机寻找目标函数的全局最优解，即在局部最优解能概率性地跳出并最终趋于全局最优。

在固体物理中，退火代表一种物理过程，一种固体在加热罐中升温到足够高的温度，这时所有的粒子都在液相物质中随机自由排列。然后把该物质慢慢地冷却，这时粒子逐渐过渡到有较低能量水平的晶格状态。只要加热的温度足够高，而冷却的速度足够慢，当冷却过程中每一个温度物体都可以达到热平衡的条件时，系统具有能量 E 的概率满足

$$P_r(\varepsilon = E) = \frac{1}{Z(T)} \exp(-\frac{E}{k_B T}) \qquad (14-6)$$

式中　P_r——某个事件出现的概率；

$\quad\quad E$——能量；

$\quad\quad T$——绝对温度；

$\quad\quad k_B$——Boltzmann 常数。

因此有

$$\frac{1}{Z(T)} \int_0^\infty \exp(-\frac{E}{k_B T}) \mathrm{d}E = 1 \qquad (14-7)$$

可以看出，温度越低，系统处于低能量状态的概率越大。

在这一物理模型以及概率论和马尔科夫过程的理论基础上产生了模拟退火法的基本思想。它与其他极小化算法不同，并不要求每一步搜索均满足 $F(X_{k+1}) < F(X_k)$，而是允许 $F(X_{k+1}) \geqslant F(X_k)$ 以一定概率 $\exp(-\frac{E}{k_B T})$ 出现。适当的选择参数，搜索产生的序列 $\{X_k\}N_k = 1$ 当 $N \to \infty$ 时，收敛到所希望的解的概率趋向于 1。

14.6.5　算法对比及选择

前面介绍的这些算法，各有优缺点，也有各自的适用场合，对这些方法的优缺点汇总如表 14-3 所示。进行算法选择时，可作为选择的参考。

优化技术发展到今天，已产生了众多算法，算法的选择一直是优化应用过程中的重要一步，选择适合各种应用场合的优化算法一直是优化应用者的梦想。但是，事实表明，优化算法的选择存在一个称作"没有免费午餐"的法则，即没有一个算法能够在精度、效率、稳健性、收敛性等各方面都实现最优，因此，选择优化算法时，需要根据解决问题的类型，求解需要的精度和拥有的资源，综合平衡后进行选择。

表 14 - 3　优化算法优缺点对比

方法	优点	缺点
梯度法	1)如果设计空间是连续、单峰的形态,能够沿最快下降方向快速探索; 2)能有效探索初始设计点周围局部区域; 3)可以并行	1)高度依赖于初值,很可能得不到全局优化点; 2)计算量随变量数急剧增加; 3)对非光滑、不连续或多模态行为问题效率最差; 4)对计算中的噪声敏感
无导数局部优化法	1)能有效探索初始设计点周围局部区域; 2)探索阶段采用大步长,因此能够探索;到比梯度优化算法更大的设计空间; 3)只需要评价设计点,而不需求梯度; 4)能处理各种变量类型:实数型、整数型和离散型; 5)特别适合设计变量数中等规模(即 $10\sim50$ 个)和中度非线性的优化问题	1)依赖初始设计点; 2)有可能落入局部最小解; 3)不适合仿真代码计算时间较长的问题; 4)无法并行
无导数全局优化法	1)适应性强:只评价设计点,不计算任何函数的梯度; 2)有全局性:能求解全局最优解,避免了集中在局部区域的搜索	计算量比较大

　　本章开始提到的两个优化目的也是优化算法选择的依据。以改善设计为目的的优化,搜索全局优化最优点是关键,此时应选择无导数全局优化方法,得到全局优化点的大致区域;以获取优化指标为目的的优化,在前一阶段经过初步全局优化的基础上,应选择梯度优化算法,以尽快高速收敛至局部最优点。如果不以优化目的为依据进行优化算法选择,一个比较符合工程实际的应用过程是先用全局优化方法得到大致的全局最优点所在区域,然后采用局部优化方法得到最终的优化点。

14.7　不确定性分析

　　由于弹性模量、热膨胀系数等材料参数和铺层角等设计参数一般不是一个定值,而是服从一定概率分布的随机值。如果结构的热稳定性指标比较严苛,就需要评估设计参数离散性对最终指标实现的影响。在设计参数确定以后,一般应进行参数不确定性分析,以定量评估热稳定性指标的概率分布特征。

　　在热稳定性优化分析中,不确定性分析可以实现以下目的:

1) 获得热稳定性指标的概率分布特征,包括均值、最大值、最小值和方差等;
2) 识别影响热稳定性指标的主要设计变量,以便提出工艺控制和筛选措施;
3) 可以研究由某个或某些设计变量变化引起的热稳定性指标的变化情况。

第 15 章 试验验证

15.1 概述

航天器高尺寸稳定性结构试验验证包括材料、零件（或组件）和系统级状态的验证。验证过程中可能涉及载荷环境的模拟，试验测量系统的选配和搭建、高精度测量以及有效的后期数据处理技术。

在航天器尺寸稳定性结构设计和验证过程中，试验验证主要有以下目的：第一，获取对结构尺寸稳定性性能而言较为关键的材料性能参数，如热膨胀系数和弹性模量等，为结构尺寸稳定性设计提供基本的材料参数；第二，获取材料在空间环境作用下关键性能的退化规律，并对材料关键性能参数的取值范围和离散性进行评估，为结构尺寸稳定性设计中的鲁棒性设计提供依据；第三，获取结构部件在特定温度或载荷工况下的变形，为设计优化和修正分析模型提供依据；第四，获取结构系统在特定温度或载荷工况下的变形和尺寸稳定性指标的测试值，验证结构尺寸稳定性设计的合理性，并为在轨稳定性指标分析预示提供依据。

15.2 尺寸稳定性验证流程

从材料性能测试到结构部件级热变形测试再到系统级尺寸稳定性试验，试验验证贯穿高尺寸稳定性结构设计和验证的全流程。航天器尺寸稳定性试验验证层级如图 15-1 所示。

图 15-1 航天器尺寸稳定性试验验证层级

一般来说，结构尺寸稳定性试验主要分为以下三类：热膨胀性能试验，湿膨胀性能试验和地面重力载荷相关试验。

（1）热膨胀性能试验

热膨胀性能试验一般包括材料级热膨胀系数和弹性模量测试以及空间环境对以上材料性能的影响测试、部件级热变形试验和系统级热变形试验。在高尺寸稳定性结构研制过程中，热膨胀性能试验验证流程如图 15-2 所示。

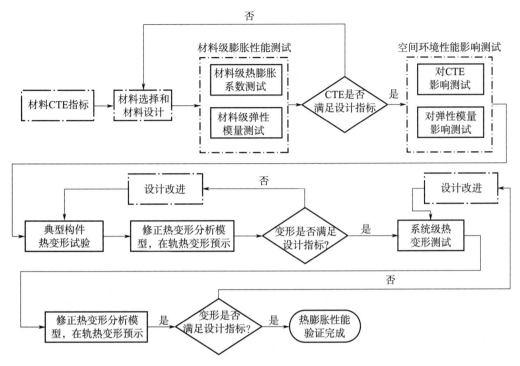

图 15-2　热膨胀性能试验验证流程

（2）湿膨胀性能试验

湿膨胀性能试验一般包括材料的湿膨胀系数测试和系统级湿变形试验。在高尺寸稳定性结构研制过程中，湿膨胀性能试验验证流程如图 15-3 所示。

（3）地面重力载荷试验

地面重力载荷试验一般称为重力释放试验，用于评估在轨零重力状态与地面组装和测试状态下的系统性能变化。在高尺寸稳定性结构研制过程中，重力载荷试验验证流程如图 15-4 所示。

目前，热膨胀测试是航天器尺寸稳定结构研制过程中实施最广泛的验证项目，对尺寸稳定性有要求的航天器，热变形测试几乎已经是必须进行的试验项目，各个型号进行热膨胀测试的差别是具体的试验验证项目的不同和层级的不同。

15.3　热膨胀系数测量

材料的热膨胀系数是在尺寸稳定性结构设计中所需要的重要参数之一。在设计选材阶段，热膨胀系数是材料选择的重要依据；进入设计阶段，材料的热膨胀系数是材料参数和结构参数设计优化的最重要基础数据。对于低膨胀系数的高尺寸稳定性结构而言，热膨胀系数取值的准确与否直接关系到设计优化结果是否能够实现。因此，准确地测量材料的热膨胀系数是尺寸稳定性设计中的一项重要的基础性工作。

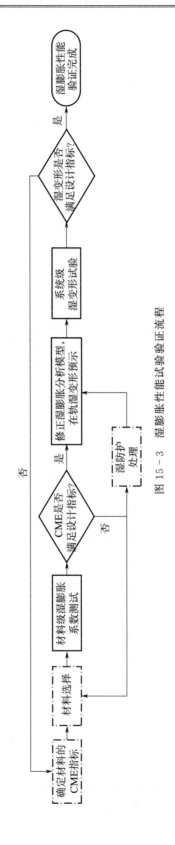

图 15 - 3 湿膨胀性能试验验证流程

图 15 - 4　重力载荷试验验证流程

对于在尺寸稳定性结构中经常采用的复合材料而言，热膨胀系数的测量包括两方面的内容。一方面，在设计之初，需要准确测量复合材料单向层的各项膨胀系数，作为复合材料热膨胀系数优化设计的输入；另一方面，在复合材料铺层优化设计完成之后，需要准确测量复合材料各项膨胀系数，作为对设计结果的验证。

15.3.1　物理量定义

在实际工程中，线膨胀系数应用较为普遍。本节给出在材料热膨胀系数测量中较为常用的几个物理量的定义。

（1）线性热膨胀（linear thermal expansion）

与温度变化相对应的试样单位长度的长度变化，以 $\Delta L / L_0$ 表示，其中 ΔL 是测得的长度变化，L_0 是试验起始温度下的试样长度。线性热膨胀通常以 10^{-3} 或 10^{-6} 表示，且一般以 15 ℃～25 ℃ 为试验起始温度。

（2）平均线膨胀系数（mean coefficient of linear thermal expansion）

平均线膨胀系数是指在温度区间 T_1 和 T_2 内，温度每变化 1 ℃，试样单位长度变化的算术平均值，计算公式如下

$$\alpha_m = \frac{L_2 - L_1}{L_0 (T_2 - T_1)}$$

式中　α_m——平均线膨胀系数，℃$^{-1}$；

　　　L_1——温度 T_1 下的试样长度，mm；

　　　L_2——温度 T_2 下的试样长度，mm；

　　　T_1，T_2——测量中选取的两个温度，℃。

（3）热膨胀率（thermal expansivity）

在温度 T 下，与温度变化 1 ℃ 相应的线性热膨胀值。计算公式如下

$$\alpha_T = \frac{1}{L_T} \frac{dL}{dT}$$

式中　α_T——温度 T 下的热膨胀率，℃$^{-1}$，常用（10^{-6}/℃）表示；

　　　L_T——温度 T 下的试样长度，mm。

15.3.2　测量方法

对于固体材料的热膨胀系数测量，一般有两种方法，分别是顶杆示差法和干涉测量

法。顶杆示差法采用单推杆式或单推管式示差膨胀仪，借助由同种稳定材质的载管与顶杆构成的组件，测量温度变化时固体材料试样相对于其载管的长度变化，图 15 - 5 给出了石英示差组件的示意图。顶杆示差法一般适用于热膨胀系数大于 $0.5×10^{-6}$/℃的材料测量。相比较而言，干涉测量法的测量精度通常可以达到 ±40 nm/（m·K），因此可以测量具有更低膨胀系数的材料，或者允许试验件具有更小的尺寸。

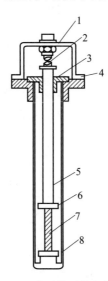

图 15 - 5　立式石英示差组件示意图

1—支架；2—弹簧；3—石墨小套筒；4—石墨大套筒；5—石英顶杆；6—石英垫片；7—试样；8—石英载管

在实际工程中，基于顶杆示差法开发的材料热膨胀系数测试仪更为常见，如耐驰公司的热膨胀仪（Netzsch DIL）等。ASTM E228 - 2011《Standard Test Method for Linear Thermal Expansion of Solid Materials With a PushRod Dilatometer》和 GJB 332A — 2004《固体材料线膨胀系数测试方法》中对顶杆示差法测量固体材料的线膨胀性能给出了相关的测试要求。

15.3.3　试验件设计

用于热膨胀系数测量的试验件在设计过程中主要考虑几何尺寸、复合材料组分、取样典型性等几方面因素的影响。

（1）几何尺寸

为获得准确的测量结果，试验件几何形式和大小应复合测量标准或热膨胀仪的要求。对于顶杆示差法测量而言，一般要求试验件为杆状，横截面沿长度方向为等截面，且两端面应平行并与轴线垂直（平行度和垂直度优于 0.02 mm）。

试验件长度应根据热膨胀仪的测量精度和测量范围并结合试验件的预期变形量确定。例如，若热膨胀仪长度测量分辨率为 1.25 nm，在 20±2 ℃温差内测量预计热膨胀系数约为 0.1 ppm 的材料试验件时，其最小长度一般不应小于 60 mm（2 ℃预期变形为 12 nm）。

（2）复合材料组分

与均质材料不同，复合材料的热膨胀系数具有可设计性。因此，对复合材料，一般会以对热膨胀系数有影响的各设计要素为变量，开展规律性的试验研究。

以树脂基复合材料层合板为例，其热膨胀系数的设计影响因素包括：纤维类型、树脂类型、纤维体积含量、单向层厚度、铺层角和铺层顺序等。

（3）取样典型性

试验件应符合相关材料的取样要求包括试验件数量（一般同类型试验件数量不少于三个）、成型工艺、批次等，以确保测试结果的典型性和一致性。

15.3.4　测试步骤

材料热膨胀系数测试一般遵循以下步骤：

1）对试验件进行预处理，以获得准确、可重复的热膨胀性能。尤其对于热固性材料而言，需要在正式测试前，开展不低于试验温度范围的热循环试验以释放成型过程中产生的残余应力。对于吸湿性较强的材料，试验前宜在干燥器中放置不少于 24 h。

2）在室温（一般为 20 ℃）下测量试验件的原始长度 L_0。

3）确认顶杆与试验件稳定接触，并将示差仪放置于控温炉内，使之于室温平衡，记录室温 T_0，并对测量系统清零。

4）选择合适的升温/降温台阶 ΔT，连续记录温度 $T_i(T_i = T_0 + i\Delta T)$ 以及相应的试验件长度 L_i。需要注意的是，应当试验件长度稳定（一般变化小于 $\pm 2 \mu m$）后再开始记录，与此同时，温度波动应小于 ± 2 ℃，试验件上的温度梯度小于 0.5 ℃/cm。还可以采用确定升/降温速率（一般小于 5 ℃/min）的方法进行测试。当采用这种方法时，试验件的平均温度与测量温度通常是不同的（对于升温过程来说，试验件平均温度更低；对于降温过程来说，试验件平均温度更高）。尽管如此，如果系统经过了参考材料的校正，那么最终测得的热膨胀系数仍然是正确的。

5）如果试验结束后回到常温，试验件长度与初始状态相比相差超过 20 $\mu m/m$，需要考虑重新测试或者在计算热膨胀系数时考虑这个变化量的影响。

15.4　热变形测量

15.4.1　概述

工程经验表明，对于金属结构来说，在准确测量了材料级的热膨胀系数后，大型金属结构部件的宏观热膨胀特性与理论计算比较一致；但对于为了减轻重量，大量使用复合材料结构的现代航天器来说，以材料级热膨胀特性为基础，对航天器整器热变形计算得到的结果往往与实际变形存在较大的误差。主要原因是，首先，在复合材料结构制造过程中，大型结构比用于热膨胀系数测试的小型试样往往会有更多的缺陷；其次，形状复杂的结构也会对铺层设计产生影响，导致实际产品的铺层角出现因为工艺原因导致的偏转；最后，大型结构中各种复杂的连接（胶接、螺接等），也会对结构热变形产生难以预测的变形。上述种种原因说明，航天器结构宏观热膨胀特性则需要通过热变形试验测得。

15.4.2　试验目的

通常，开展热变形试验有以下试验目的：

1）测量在特定温度工况下结构各部分的变形，获取结构各部分的宏观热膨胀特性；

2）测量在特性温度工况下结构装配体的变形及变形解耦情况，为修正分析模型提供依据；

3）测量在特定温度工况下的结构热稳定性指标，验证结构尺寸稳定性设计的合理性。

15.4.3　试验方法分类

结构热变形试验方法主要包括温度场模拟方法和变形测量方法两方面的内容。航天器结构的热试验一般在真空罐内进行，但由于热变形试验需要使用多种测量手段对结构的变形进行持续、准确的测量，而测量设备一般需要在常温环境下使用，因此热变形试验一般在常温常压环境下开展。对于尺寸较小的试验件，可以在高低温箱内模拟温度场，并通过高低温箱上开设的观察窗口进行变形的测量。对于以验证热稳定性指标为目的的热变形试验，为了能够准确模拟在轨温度场分布情况，应在真空罐内与热试验同时开展。

15.4.4　温度场模拟方法

温度场模拟方式与试验环境直接相关，一般分为真空罐、高低温箱和常温常压试验室三种试验环境。

在真空罐内开展的热变形试验一般与热试验合并进行，因此温度场模拟继承热试验中的模拟方式。各种外热流模拟装置的优缺点对比情况，见表 15 - 1。

表 15 - 1　外热流模拟装置比较

模拟装置类型		优点	缺点
辐射型	太阳灯	· 最接近太阳辐射光谱,能考验航天器表面涂层的热光学性质; · 能较好地验证航天器表面间相互遮挡的影响(平行光,发散角); · 对航天器和热沉之间的辐射换热不产生遮挡; · 热流均匀性好; · 对复杂外形的航天器适应性好	· 设备庞大,技术复杂,运行维护费用高; · 无法模拟地球的红外辐射加热; · 需要运动模拟器,才能较好地模拟航天器在轨姿态变化所带来的热流变化; · 难于适应越来越大的大型航天器的热试验要求

续表

模拟装置类型		优点	缺点
辐射型	红外笼	· 可以按照航天器表面情况设置加热装置,有一定的灵活性; · 控制操作容易,设备制造、运行费用低; · 可使用"黑片"热流计,简单、可靠	· 对航天器表面遮挡较大,低热流模拟受限制; · 各加热区相互干扰; · 非平行光辐射,无法验证航天器表面外凸组件之间的相互影响; · 热流均匀性较差; · 对复杂外形的航天器适应性差; · 难于实现瞬态热流模拟
	红外灯	· 可分区设置灯阵,满足不同表面的热流要求,灵活性较好; · 对航天器表面遮挡较小(相对红外笼、热板); · 热惯性较小,配合独立的冷却装置,可实现低热流模拟	· 各加热区相互有干扰; · 非平行光辐射,无法验证航天器表面外凸组件之间的相互影响; · 热流均匀性较差; · 需要专门的热流计; · 对复杂外形的航天器适应性差
	辐射板	· 通过计算得到准确的热流值; · 热流均匀性较好; · 不用热流计	· 完全遮挡卫星表面,低热流模拟很困难(除非加冷却回路); · 需要较多的辅助支撑,实现困难; · 对复杂外形的航天器适应性很差; · 仅用于小型部件试验
传导型	加热片	· 热流均匀性好,能准确模拟航天器表面吸收热流值; · 通过程控电源,可以方便实现瞬态热流模拟; · 各加热区相互无干扰; · 对航天器表面与热沉间的辐射换热无遮挡; · 对复杂外形的航天器适应性较好; · 不用热流计	· 破坏表面的物理特性,不适用于发射星热试验; · 要用试验替代涂层,模拟航天器表面热性能; · 加热片成本较高,一次性使用

　　高低温箱一般采用空气作为介质,分别通过空气制冷系统制冷和电加热制热的方式得到高低温环境。高低温箱内的温度环境是一定的,因此只能给试验件施加均匀统一的温度场。但与常温常压环境相比,在高低温箱环境下,试验件上的温度场更均匀。

　　在常温常压环境下,在温度场模拟方面有诸多限制。一方面,只能模拟高于环境温度的高温工况,而不能模拟低温工况;另一方面,由于空气对流的影响,试验件上的温度场难以模拟地均匀准确,一般在试验件边缘的温度会低于试验件中心位置。此外,如果采用数字图像相关方法测量结构变形,则一般不能采用红外灯阵加热,因为红外灯阵的光线会对测量结果产生干扰,影响测量精度。

15.4.5 变形测量方法

15.4.5.1 激光跟踪仪测量

（1）基本原理

激光跟踪仪为一个球坐标测量系统，其测量原理为空间中某被测点，通过测量极径 L 和两个方位角 α 和 β，即可确定被测点 P 的空间坐标。对极径 L 的测量是借助靶球实现的，通过激光跟踪仪发出的光束与打到靶球上返回的光束进行干涉进行测距。在对靶球的测量过程中，若照射到目标反射镜上的光偏离目标反射镜的中心点，则光电元件就会输出差动电信号，该信号经放大后，通过伺服控制回路控制电机带动转镜转动，使照射到目标反射镜的光束方向发生变化，直至入射光通过目标反射镜中心为止。因此，利用扫描测头配合激光跟踪仪对目标不同状态不同工况进行扫描测量，对比前后状态扫描外形尺寸的变化，可以实现大型尺寸变形测量。

（2）适用范围

利用扫描测头配合激光跟踪仪对目标不同状态不同工况进行扫描测量，对比前后状态扫描外形尺寸的变化，可以实现大型尺寸的 $10\sim100~\mu m$ 级变形测量。

15.4.5.2 经纬仪测量

（1）基本原理

经纬仪准直时将物镜调焦到无穷远，准直灯发出激光束通过分划板中心平行照射到反射镜上，经反射再聚焦于分划板。人眼通过目镜观测反射光聚焦点与分划板的偏离情况，调节经纬仪竖直和水平码盘的手轮使聚焦点与分划板中心重合，再根据码盘读出准直方向与铅锤轴、水平轴的夹角。经纬仪测量系统一般由两台或者两台以上的经纬仪组成，基于前方交会原理实现空间三维坐标测量。

（2）适用范围

经纬仪测量系统具有测量范围较大、非接触、测量精度较高等优点。这些优势使得经纬仪测量系统广泛应用在大型结构、大尺寸的面特征和单点坐标测量等领域。其测量精度一般在 $3''$。

15.4.5.3 数字图像相关测量

（1）基本原理

数字图像相关方法（Digital – image correlation method，DIC）是一种从物体表面的随机分布的斑点或随机分布的人工散斑场中直接提取变形信息的全场、非接触的光测方法，是应用计算机视觉技术的一种图像测量方法，是现代数字图像处理技术与光测力学结合的产物。它具有光路简单，可用白光作为光源，受外界影响小，对隔振条件要求不高等优点。传统的二维数字散斑相关方法，只能测量物体表面的面内位移；但结合双目立体视觉测量技术的三维数字散斑相关方法，便可以实现三维变形的测量。通过采集目标变形前后的四幅散斑图像，利用散斑相关方法和立体视觉技术实现特征图像点的匹配，继而获得变形前后的空间点坐标，进一步计算获得变形量。散斑图的形成有多种方法：可由激光照射漫反射表面后干涉产生激光散斑图；也可由人工喷涂黑白漆散斑化的方法形成人工散斑图；也可以直接利用某些材料表面的自然特征形成自然散斑图等。目前研究散斑相关方法大多采用人工散斑形成的方法。

　　（2）适用范围

　　数字图像相关方法作为一种新型的、非接触式的光学测量方法，具有非接触、全场测量，测量精度高、测量环境要求低，便于实现整个过程自动化等优点，可应用于多个学科领域。其测量精度一般在 $1 \sim 10 \; \mu m$。

15.4.5.4　摄影测量

　　（1）基本原理

　　摄影测量是从相机摄影获取的被测目标的光学图像信息出发，经过测量平差计算处理得到被测目标的三维空间坐标，也常简称为照相测量。它至少应由两台及以上高分辨率相机对被测物同时拍摄相片，或一台相机移动位置再拍照，得到被测物的 2 张及以上二维图像，经过计算机数字图像处理、影像匹配、三角测量及平差计算等一系列处理后得到被测物精确的三维空间坐标。

　　从使用相机数量上可以把工业摄影测量分为单相机测量、双相机测量和多相机测量。单相机测量系统是指仅利用一台数字相机，通过在粘贴有反光标志点的被测物体周围拍摄多张相片，或者利用一个带有 3 个以上位置关系已知特征点的辅助测量棒实现对被测物体的三维坐标测量。双（多）相机测量系统是指利用两（多）个位置相对固定的相机，从不同的角度拍摄获取同一被测目标上标志点的两（多）幅图像，通过图像处理与平差计算等，求得被测目标上标志点在两（多）幅图像中对应投影点的像差来获得其标志点在测量坐标系中的坐标，从而得到被测对象物体的形状、位置、姿态和运动等信息。

　　（2）适用范围

　　一般应用在大尺寸测量中，测量精度一般在 0.1~0.05 mm。

15.4.5.5　三坐标测量机测量

　　（1）基本原理

　　坐标测量机（Coordinate Measuring Machine，CMM）是在一个六面体的空间范围内，能够表示长度、几何形状等测量能力的仪器。测量时将零件装夹在 CMM 的测量平台上；为了补偿测头的半径，必须先对标准球做测量精确计算出测头半径，然后进行测量工作，手动或自动操作 CMM 测头使其触碰到被测位置，得到该点的位置信息，再通过 CMM 测量系统的软件计算和处理获得其三维坐标值。

　　CMM 常作为测量平台出现在很多测量几何尺寸的实际应用中。现在超高精度的 CMM 已经拥有纳米量级的定位精度，限制其测量精度进一步提高的因素包括机械结构与驱动系统精度、测头系统的分辨力、测针的尺寸及测量力等诸多因素。

　　（2）适用范围

　　自 1959 年第一台三坐标测量机在英国出现以来，已经有超过 300 种不同规格的三坐标测量机。三坐标测量机可以测量零件表面轮廓，比如齿轮、叶片等零件外轮廓尺寸，测量精度优于 $1\,\mu m$，空间坐标测量精度可达 $1 \sim 2\,\mu m$。

15.4.5.6　传感器测量

传感器测量技术是通过在被测物体表面粘贴传感器，当物体变形时传感器随之发生相同的形变，从而影响输出信号的变化，再通过检测输出信号的变化量来测量物体表面的变形量。根据被测产品的特性可选用不同的传感器，测量精度一般在 $0.1 \sim 10\,\mu m$。

（1）电容传感器

电容式传感器由可变电容量的电容器和相应的测量电路组成，通过将被测非电量变化转换为电容量变化，经电路处理转换为电压输出值的检测装置。由于电容式传感器具有结构简单、体积小、灵敏度高，可实现非接触测量，并能在高温、强烈振动等恶劣工况下工作等一系列优点而广泛用于各种测量系统，在测量领域中具有十分重要的地位。电容传感器可精确检测位移、加速度、角度等多种几何、物理量，同时在压力、液位、成分含量等方面的测量中也发挥着重要作用。

（2）电阻传感器

电阻应变式传感器是把位移、力、压力等非电物理量转换为电阻值变化的传感器。其工作原理是当有外力时，金属变细变长，则电阻值增加，若变粗变短，则阻值减小。如果发生应变的的物体上安装金属电阻，当物体伸缩时，金属体也按一定比例发生伸缩。电阻式传感器主要包括电阻应变式传感器、电位器式传感器等。

（3）光纤光栅传感器

光纤光栅传感器是利用掺杂光纤天然的紫外光敏特性，将呈空间周期性分布的强紫外激光照射掺杂光纤，从而使掺杂光纤的纤芯折射率沿轴向周期性分布，得到一种芯内位相光栅，即光纤光栅，其中的短周期光纤光栅亦称为光纤光栅（Fiber Bragg Grating，FBG）。根据 FBG 衍射原理，当多种波长的光束由光纤内入射到 FBG 上时，只有某一个波长的光被 FBG 反射、使其沿原路返回，其余所有波长的光都无损失地穿过 FBG 继续向前传输。

被 FBG 反射的那个波长称为布拉格波长，它由 FBG 的栅距及有效折射率决定。当 FBG 受外界温度或应变影响时，栅距或有效折射率发生变化，被 FBG 反射的布拉格波长亦产生相应变化；如果将 FBG 嵌入结构内部或刚性粘贴在结构表面上时，结构的应变或温度变化都会引 FBG 的布拉格波长变化，因此可以通过监测 FBG 的反射波长实现结构的应变与温度监测。

（4）光电位置敏感器

位置敏感探测器（Position Sensitive Device，PSD）是一种基于非均匀半导体横向光电效应的、对入射光或粒子位置敏感的光电器件。与摄影测量不同的是，PSD 是一种连续型的模拟器件，克服了阵列型器件分辨率受像元尺寸限制的缺陷。PSD 的基本结构类似于光电二极管，一般的制作方法是在半导体衬底表面扩散或注入杂质形成 PN 结，并在扩散面的侧面形成电极，当光敏面被非均匀光照射时，由于横向光电效应，在平行于结平面的方向形成电势差，光生电流在扩散层被分流，通过电极收集电流，由于从电极输出的电流与入射光斑的重心位置相关，根据输出的电流能连续、直接地检出入射光斑的重心位置。

15.4.5.7　激光干涉仪测量

激光干涉测量法是以激光作为光源，以激光波长或者激光频率为基准，利用光的干涉原理进行精密测量的方法。具有很高的灵敏度和精度、广泛应用于位移、长度、角度等的变化及振动方面的测量。双频激光干涉仪是一种以波长作为检测标准对被测长度进行度量的仪器，相对于单频激光干涉仪，具有更高的精度，对环境的适应能力更强。双频激光干涉仪是公认的长度测量标准，其测量分辨率和精度可以达到纳米级。

参 考 文 献

［1］ GB/T 2572 — 2005 纤维增强塑料平均线膨胀系数试验方法［S］. 北京：中国标准出版社，2005.

［2］ ASTM E831 - 14，Standard Test Method for Linear Thermal Expansion of Solid Materials by Thermomechanical Analysis［S］.

［3］ ASTM E228 - 17，Standard Test Method for Linear ThermalExpansion of Solid Materials with a Push - Rod Dilatometer［S］.

［4］ ECSS - E - HB - 32 - 26，Spacecraft Mechanical Loads Analysis Handbook［S］.

［5］ 黄桂平 . 数字近景工业摄影测量理论、方法与应用［M］. 北京科学出版社，2016.

［6］ 侯增祺，胡金刚 . 航天器热控技术-原理及其应用［M］. 中国科学技术出版社，2007.

［7］ 杨新圆，孙建平，张金涛 . 材料线热膨胀系数测量的近代发展与方法对比介绍［J］. 计量技术，2008（7）.

［8］ 路伟光，王帼媛，王海亮，蔡铮 . 浅谈工业制造业中集合量测量技术应用［J］. 航空精密制造技术，2019，10/15：43 - 46.

［9］ 杨勇，方无迪，孙延博，张历涛 . 航天器变形高精度测量技术［J］. 制导与引信，2016，37（1）.

［10］ 罗哉，费业泰，孔明 . 高精度零件热变形测量系统［J］. 计量学报，2006，27（3A）.

［11］ Ruben Edeson，Nigel Morris. Dimensional Stability Testing on a Space Optical Bench Structure［J］. AIAA Journal Vol. 47，No. 1，January 2009.

［12］ 潘兵 . 数字图像处理在实验力学中的应用［D］. 清华大学，2007.

［13］ Zhong Chen，Xianmin Zhang. Analysis of Measuring Errors of Micro - Deformation Using Speckle Digital Image Correlation［J］. 2012 International Conference on Manipulation，Manufacturing and Measurement on the Nanoscale（3M - NANO），29August - 1september2012，Xi' an，China.

［14］ 王晋疆，金素坤，邸旭，杨志文 . 经纬仪测量系统在工业测量中的应用［J］. 光电工程，2003，30（1）.